數位資訊@
多媒體安全與應用

王旭正、翁麒耀、黃正達／著

ICCL@B

數位資訊
@多媒體安全與應用

作　　者：王旭正、翁麒耀、黃正達
責任編輯：Cathy

發 行 人：詹亢戎
董 事 長：蔡金崑
顧　　問：鍾英明
總 經 理：古成泉

出　　版：博碩文化股份有限公司
地　　址：221 新北市汐止區新台五路一段 112 號 10 樓 A 棟
　　　　　電話 (02) 2696-2869 傳真 (02) 2696-2867
郵撥帳號：17484299　戶名：博碩文化股份有限公司
博碩網站：http://www.drmaster.com.tw
讀者服務信箱：DrService@drmaster.com.tw
讀者服務專線：(02) 2696-2869 分機 216、238
（周一至周五 09:30 ～ 12:00；13:30 ～ 17:00）

版　　次：2016 年 1 月初版

建議零售價：新台幣 360 元
I S B N：978-986-434-073-6
律師顧問：鳴權法律事務所 陳曉鳴律師

本書如有破損或裝訂錯誤，請寄回本公司更換

國家圖書館出版品預行編目資料

數位資訊 @ 多媒體安全與應用 / 王旭正，翁麒
耀，黃正達作 . -- 初版 . -- 新北市：博碩文化，
2015.12
　　面；　公分
ISBN 978-986-434-073-6(平裝)

1. 數位媒體 2. 資訊安全

312.98　　　　　　　　　　104025806

Printed in Taiwan

博碩粉絲團

歡迎團體訂購，另有優惠，請洽服務專線
(02) 2696-2869 分機 216、238

序

　　本書**數位資訊@多媒體安全與應用**為數位多媒體相關理論與實務上所涉及的概念作介紹。在本書中，共分成三大部分，「**影像處理篇**」、「**多媒體安全應用篇**」與「**多媒體生活與應用篇**」。從最基本的影像概念直至近來Internet及多媒體處理軟體上最新主題/應用/趨勢皆囊括於其中。

　　在第一部分「**影像處理篇**」中，說明影像的起源並介紹數位影像處理的基礎原理與發展。第一部分的安排裡亦介紹在空間域、頻率域、壓縮域的各類數位影像處理的相關技術/原理/發展，並用簡單的範例，讓讀者能具備數位影像的基礎，藉此得以對影像/圖片背後所隱藏真相的探索更具備紮實基礎。數位影像*圖片的解析與瞭解已不再是如此的陌生與遙不可及的夢想，讀者可以利用影像基礎的概念，自行創造和修改自己的數位影像/圖片。

　　第二部分裡 我們安排「**多媒體安全應用篇**」。內容則談論因應數位影像/圖片於現今4G網路的世界中所帶來的在日常生活、商業活動、或資訊安全上各方面的相關議題。藉由相關範例說明，讓讀者了解影像處理技術不再只是一堆煩人的數學理論，而是可以用簡潔的方式表現，並藉此來拉近我們生活上的實務操作，使讀者能確實融入影像處理技術。第二部分的另一個主題，是讓讀者透過第一部分的基礎理論為根本來細談數位影像/圖片的另類秘密安全通訊技術－多媒體安全偽裝的議題。多媒體安全偽裝議題早已存在我們生活空間中，它能達成資訊安全的需求，但近十幾年來，對此一議題又有了新的詮釋方式。

　　第三部分「**多媒體生活與應用篇**」。此部分主要討論目前智慧財產權保護的應用與解決方式。有鑑於現今電腦網路使用率的普及與多媒體影像的快速傳遞，智慧財產權的相關議題日漸受到重視。因而本書第三部分將介紹與大家生活息息相關的多媒體影像/圖片之智慧財產權安全議題，如：數位浮水印技術與浮水印工具等。面臨防止與預防智慧財產權的威脅，讀者可利用本部分所介紹的免費工具做為你或妳的數位圖片的防護。讀者可以輕鬆的操作本書所介紹免費工具軟體，讓你／妳的數位圖片可有效的防護，免於被盜用的情境。

吾人一直以Team Work為研究/討論/決策的主軸。再次地這本書的完成，依然是群策群力的工作模式。Information Cryptology & Construction Lab.&Intelligence and Security Forensics Lab.(ICCL&SECFRENSICS)的工作伙伴/研究人員為此本書的付出之心力，吾人銘記在心。對於知識的吸收與判讀每個人的看法或同或不同，都有賴每個人對事物所具備知識與想法而定。這本書提供了一個有關多媒體安全應用領域的廣泛介紹，也提供了我們的看法與想法，乃至於我們所認為可行對策。這可能是我們的洞見，也可能是我們的一廂情願。實情為何，都是需要大家共同去思考，並不吝於提供建議，方能使我們所提出解決方案更為完備。然而在文章的編撰與校稿過程中，難免會有些遺漏與疏失，望請各位先進與前輩能不吝指出須改善的地方。

　　本書章節的編撰，是結合中央警察大學ICCL&SECFRENSICS與國立屏東教育大學資訊科學系**翁麒耀博士**與國立台灣科技大學醫學工程所**黃正達博士**的研究群合作的結果。在群策群力、積極規劃下終得呈現給讀者。也感謝吳敏豪、黃翔偉、陳宥丞的全力參與，使得本書得以順利付梓。藉此對所有人員的努力表達深摯的感謝。

　　並盼此書得以為科技發展/研究之文獻做粗淺整理，以為此相關領域的參酌。

ICCL@B
ICCL&SECFORENSICS
情資安全與鑑識科學實驗室
http://www.secforensics.org/
王旭正、翁麒耀、黃正達 謹識

Early JAN. 2016

04 影像處理－壓縮域

05 Matlab影像處理軟體應用

06 多媒體視覺系統

07 多媒體安全

08 效能評估與分析

12 多媒體應用－浮水印工具

A 中英文關鍵字名詞索引表

B 參考文獻

導 讀

緣起

　　隨著資訊科技的進步以及網際網路的普及化，科技已慢慢的改變人民的生活方式，朝著數位資訊化的時代邁進。在此時代裡，數位化的資訊、數位多媒體及多媒體通訊技術已成為技術發展的重點與趨勢。又網路時代的優勢在於資訊無國界，能與他人資訊共享與分享，這已是人類的生活型態中不可或缺的一環。但為了滿足人類的需求，常常會踰越了資訊安全與智慧財產權的紅線。為了能夠避免人民不小心踰越了紅線，此本書的來由亦因應而生。本書透過介紹多媒體技術與智慧財產權機制，並整合理論與實務，讓初次接觸多媒體技術讀者可以很快地透過各章節的介紹對影像處理和多媒體安全有宏觀的概念。

架構

　　本書**數位資訊@多媒體安全與應用**共分三大部分，「**影像處理篇**」、「**多媒體安全應用篇**」與「**多媒體生活與應用篇**」。全文以十二章加以編寫，分別如下，第一章至第五章為本書的第一部分：「影像處理基礎」。本書的第一章，將為讀者介紹影像處理的發展背景及表示方式，並作為後續三章的暖身動作。第二至四章，則為各位讀者介紹基礎的影像處理技術，如：空間域、頻域率及壓縮域。第五章則運用Matlab軟體的操作來呼應第二至四章的內容，讓讀者可以更加瞭解影像處理的技術。

第一章 數位影像處理

　　電腦與網路科技的蓬勃發展，及智慧型手機的普及化，讓數位影像處理的研究能迎合人性並融入於人類生活的需求/應用機能。人們使用智慧型手機在任何時間、任何地點，無時無刻的經過手機的照相功能將隨時隨地將看到的美景，朋友聚餐時的歡樂時光，拍照留念，並發佈到社群網站，與眾多好友分享。影像處理是一門看似容易但又複雜且專業的領域，它可以被廣泛的使用在各種專業領域，包括天文、地理、醫學、工程、資訊等。但看似容易的數位影像的發展背景與影像處理技術，大家都只知道些許的皮毛或是不太了解有那些技術。本章節將以最輕鬆的方式來介紹數位影像的起源與演進。

第二章 影像處理－空間域

　　空間域是影像處理技術中最基本且最直覺的方法，也是讓初學者最能夠接受的方式。空間域影像處理就是把數位影像的內容視為一個空間的概念，對這個概念進行處理，以及運用不同的調整方式和不同的濾波技巧來改變影像的內容。本章節將一一的探討空間域的技術，並利用灰階影像來輔助說明影像處理的巧妙技術。

第三章 影像處理－頻率域

　　頻率域為另一種影像處理技術，它與空間域有著很大的差異。頻率域是由空間域經過了一些數學式子的轉換運算後，產生了頻譜係數，這些係數可以進行處理與運用不同的調整方式來改變係數的內容，最後再經過反轉換運算後，就可獲得影像內容。本章將一一的介紹目前在頻率域上的幾個轉換處理的過程，諸如是傅利葉轉換、離散小波轉換和離散餘弦轉換等三種。

第四章 影像處理－壓縮域

　　當科技的進步，電腦處理速度持續在提升中，但人們已經漸漸在關注網際網路的傳輸速度了。人類目前倚賴網際網路的方式來傳遞數位影像，常會注意要如何才能縮短影像傳送的時間。本章的核心為探討影像壓縮的技術，當經過影像壓縮前置處理後，勢必會大大的減小影像傳輸的檔案大小，進而提升網際網路傳遞的效率。

第五章 Matlab 影像處理軟體應用

　　隨著科技型態的轉變，人們已和數位化的影像息息相關了。在日常生活中，不計其數的影像都隨手可得，但在每一張數位影像都有自己存在的價值，如：團體照片，可以回憶朋友之間的感情；掃描文字影像，可以不用手抄文稿；超速罰單影像，可以警惕自己下次不要超速等。但在這麼多影像中，各有各的應用，在不同的應用上，就需要不同的影像處理方式來調整影像，讓影像更能表現出特有的風格。因而影像處理技術就值得讀者探索並加以推廣應用。

　　本書的第二部份：「**多媒體安全應用篇**」為第六章至第十章。第六章及第七章主要是以視覺系統及媒體影像為基礎，針對媒體安全議題來介紹，讓讀者在閱讀後面的相關章節中，可以具備良好的資訊素養與正確的觀念。第八章則是以公平且客觀的衡量標準，來評估多媒體系的優劣。此外，在第九章和第十章，則是以數位影像為基礎來探究影像安全之議題及媒體是否具備可還原的特性。

第六章 多媒體視覺系統

　　網際網路的蓬勃發展開創了網路無國界的環境，讓電腦高科技與網路愈來愈深植我們的生活之中，因而逐漸的改變了我們的日常生活方式。無國界的網際網路與即時傳輸，為人類帶來空前的快捷與便利。但也常常疏忽了網路安全的重要性。因此，建立一套完善的影像視覺機制，來保護在網路上所傳輸的各項安全性資料已成為現階段最重要的課題。影像視覺利用了人類視覺系統並且不需要複雜的計算成本即可解讀資料。本章將針對影像處理之黑白影像、灰階影像、彩色影像視覺作說明，並分析視覺系統運作機制及其理論基礎，最後以實際案例及分析未來影像視覺之發展趨勢。

第七章 多媒體安全

　　多媒體安全是資訊安全議題的範疇之一，它與資訊安全的共通點就是在保護重要的機密訊息。但又比資訊安全技術又多出一項優勢，就是機密訊息與多媒體的不可察覺性。多媒體安全就是把重要資料和媒體相互結合，此結合過程又稱為偽裝。人類的視覺感官中無法知悉與了解媒體中蘊含了那些資料或是費盡心思從媒體中窺探出某些特殊涵意資料。自古至今，偽裝一直有著它特殊的淵源及其歷史背景，因此本章將一一的介紹偽裝的歷史文化，再透過簡單的文字嵌入實例，來引領讀者輕鬆地進入影像處理應用之世界。

第八章 效能評估與分析

　　因應個人資料保護的政令措施，再加上網路無國界的環境，讓多媒體安全在資訊保護的議題上佔有一席重要之地位。資料嵌入法是媒體安全技術中最重要的一環，它至今也發展多年了且也已經發展了數百種資料掩護法，然於資料置於影像後，勢必會對於影像的內容造成破壞，至於破壞程度的多寡，我們必須建立出一套最基本且最公平的評估準則。在本章節中將介紹最基本的評估準則、影像偵測與影像竄改方式，並提供資料嵌入後的偵測做驗證及相關實驗，以提供讀者對於影像處理的偵測技術有更多的瞭解。

第九章 影像復原－有損式

　　在多媒體安全的研究中，將重要且特殊的資料內建在感官觸媒中，讓人類的感官系統無法直接的察覺到感官觸媒內有資料的存在，進而可以確保觸媒內的資料安全。又最早有提出資料嵌入技術的概念至今已有幾十年了，日新月異的相關技

術與研究皆為被發展。本章的將介紹現有的資料嵌入的技巧,藉由對於不同資料格式與技術的發展,探討資料嵌入的影像處理與對原始影像/掩體的影響,讓讀者也具備相關知識。

第十章 影像復原－無損式

多媒體技術與影像處理應用的普及化,對於影像內容在資料嵌入前與取出後都要維持相同的品質的需求就顯得更加重視,因此無損式資訊嵌入技術就格外的要重了。從定義上來說,無損式資料嵌入技術就是除了資料可以完整的取出外,還須要將原始影像的內容還原至最初未有資料的狀態,無損式資訊嵌入技術的應用範疇為醫學影像、軍事地圖和法律文件等。本章中,我們將針對不同資料格式,來介紹無損式影像處理的資訊嵌入與復原過程。

本書的最後一個部份:「多媒體生活與應用篇」。本篇主要介紹和探討人們在生活中常會使用到的數位化資訊,但對於這些資訊應該如何加以防護與保護。此外,我們將經由許多軟體的操作,來讓讀者簡單快速的製作出能保護自己的數位資料。

第十一章 多媒體生活－影像財產權

因應電腦與網路的快速發展和數位化資訊時代的來臨,數位資料(如聲音、影像、圖型、文字…等)已成為生活的必備工具,這些數位化資料可以不受時間與空間的限制下藉由網際網路的快速傳播與交換。當我們在使用科技亦或是在享受科技所帶來的便利之時,常伴隨而來的就是個人資訊的安全或是數位資料使用的合法性,諸如個人隱私問題部分與智慧財產權的侵權問題。為了保護數位資料擁有者的智慧財產權,數位浮水印技術(Digital watermarking) 是最直接與最有效的,亦能最明確的宣稱擁有者的方式之一。本章將介紹數位浮水印的基本知識,透過一些浮水印技術來介紹不同種類的浮水印特性,以及導入一些淺顯易懂的概念,讓讀者也具備保護個人隱私和智慧財產權的相關知識。

第十二章 多媒體應用－浮水印工具

科技的進步,使得我們生活以及工作上更加的便利。但我們不可否認,科技的進不能輔助文明的發展,卻也能造成莫大的傷害。就像網路的普及,促使網路資源豐富化,造成網路上的資源可以恣意的相互轉載,尤其是圖片或是檔案資源,更是受到轉載人的青睞,因而造成智慧財產權意識的提升。如何避免智慧財產權被侵害呢?最直接的做法就是在圖片添加浮水印。只要資訊的擁有者在上傳照片

前或文章發佈圖片時，只要添加浮水印到上傳的照片或是文章的動作，可以讓圖片不被濫用或所有權遭受侵犯。但那麼如何在圖片或是文章加上自己專屬的浮水印呢？本章精選了幾款免費的浮水印軟體，這些軟體可以在圖片或是文章加上自己專屬的浮水印，讓讀者可輕鬆的瞭解與認識如何製作浮水印。

編撰

事實上本書的編寫採循序漸進的故事架構，對於初次接觸或是不熟悉影像處理技術的讀者，可以先從第一章到第五章閱讀起。接著，第二部份則讓讀者可以更加熟悉多媒體上的資訊安全技術，經由本書詳實的理論說明了解近代在多媒體應用的研究應用發展現況，最終再引入智慧財產權等實際生活編撰。本書所有的編排皆一氣呵成，使讀者從過去經驗，直到現在的社會應用，有最深刻的多媒體技術奧妙與豐富的學習/探索之旅。

對象

對於本書的編排，除了適合一般大專/技術學院/大學的學生上課教材使用外，亦為相關研究所進修的多媒體安全與影像處理等論文研究的基礎課程研讀。

ICCL&SECFORENSICS
情資安全與鑑識科學實驗室
http://www.secforensics.org/
王旭正、翁麒耀、黃正達 謹識
Early JAN. 2016

01

數位影像處理

導讀

影像處理是一門看似容易但又複雜且專業的領域，拜現今電腦與網路科技發展之賜，數位影像廣泛的使用在各種專業領域，包括天文、地理、醫學、工程、資訊等各種專業領域，都息息相關。網路雲端的蓬勃發展，數位影像在任何時間、任何地點，無時無刻的都在散播傳遞，智慧型手機也是其中推手，透過手機的照相功能可以隨時隨地將看到的美景，朋友聚餐時的歡樂時光，拍照留念，並發佈到社群網站，與眾多好友分享，已經是件輕而易舉的事。但看似容易的數位影像背景與處理過程，大家都只知皮毛，未能充份了解。本章節將探討數位影像的起源與演進，並在第二章至第五章更深入地介紹各種數位影像處理技巧。

科技的發展與進步，目前幾乎人手一機(數位相機或照相手機)，使得數位影像大量的產生。在這之前，數位影像的起源與歷史，是個有趣的演化，從早期的電報傳遞，到現今的無線網路、光纖網路，經歷了近百年，才有如今的便利。各大領域也因此受惠，天文、地理、醫學、氣象等，也因數位影像的發展，在其各自領域，有極大的進步與演進。影像色彩也從黑白數位影像到灰階數位影像，再從灰階數位影像到彩色數位影像，讓人們在視覺上有更大的享受與較好的影像品質。在深入了解數位影像處理之前，讓我們先來了解數位影像的起源、歷史與其應用，也是本章的主要探討重心。

1.1 影像處理的發展背景

數位影像首次出現在1920年代，當時的報社利用海底電纜傳送數位照片，只需要兩三個小時就可以將照片從倫敦，經過大西洋的海底電纜，抵達紐約報社。但在這之前，至少需要一個禮拜以上，才能將照片送達報社。這中間浪費了許多的時間，無論這照片是經由船運、空運或是飛鴿傳書等方法，都讓資訊流通速度降低許多。數位化影像的特色，開始讓人類生活水準提高，可能只需要1秒鐘，就能將資訊從地球南端發送到地球北端。圖1-1為在1921年透過海底電纜傳輸的數位照片，此照片是採用巴特蘭(Bartlane)電纜圖片傳輸系統達成，影像品質較為粗糙。到了1929年，影像品質從五個亮度準位提高到十五個亮度準位，影像品質也相對較精緻。圖1-2為當時的巴特蘭(Bartlane)機器。圖1-3為當時從倫敦發送到紐約的照片，照片具有十五個亮度準位的水準，與圖1-1相比，影像品質相對較好。

▶ 圖1-1 1921年透過海底電纜傳送的數位影像

▶ 圖1-2　巴特蘭(Bartlane)機器，具有五個金屬打印孔

▶ 圖1-3　在1929年，利用十五個亮度準位所產生出來的數位影像

　　電腦發展了數百年，但直到1960年代，才首次使用電腦來進行影像處理。美國太空總署在1964年7月時，利用太空飛行器(Ranger 7)所拍攝的月球影像，並透過影像處理來修補和加強照片。在1960、70年代左右，醫學影像處理也開始起步，醫學影像主要著重在X光，可讓醫生更容易了解病患的生理狀況，也提升了醫學科技的技術，如圖1-4。在保安方面，自從美國911攻擊事件後，世界各大機場為了加強飛行安全，在機場設置了X光透視機，來確保飛行安全，若恐怖攻擊者身上帶有違禁品，想要進入飛機將是難上加難，對於維安方面，也多了一道防線，如圖1-5。另一方面，影像處理對於氣象方面也有重大的貢獻，大家最想看到的莫過於是在颱風來臨或是鋒面報到的時候，藉由關注衛星雲圖的變化來了解颱風的走向，並聽著氣象播報員講解，搭配衛星雲圖來讓民眾們準備防颱措施，如圖1-6。在交通方面，近一兩年來，駕駛紛紛安裝行車紀錄器在車上，以確保發生車禍時，有多一層的保障。但由於是錄影畫面，

在車牌辨識上可能較為薄弱，此時可以透過影像修補技術，將車牌辨識出來。在地理方面，影像處理也有舉足輕重的地位，2010年台灣國道三號發生了走山意外，利用衛星空拍圖比較後發現，走山前與走山後的景象讓人觸目驚心，如圖1-7。影像處理發展至今，許許多多的應用，不勝枚舉，例如：2011年美國海軍突襲槍擊蓋達組織首腦賓拉登，網路上流傳賓拉登的死亡照，但結果比對後，才發現是利用賓拉登生前的照片，經由影像處理合成照片，如圖1-8。由上述可知，影像處理在人們的日常生活中處處可見，也是最容易被忽略的一環，這也是為什麼許多人都知道影像處理，而不知道其內涵的原因，在後面的小節中，將介紹數位影像資料格式與表示法，讓讀者更加了解數位影像的儲存方式。

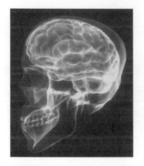

▶ 圖1-4 X光醫學影像

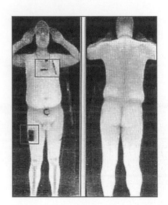

▶ 圖1-5 英國曼徹斯特機場所使用的掃描設備

▶ 圖1-6 中央氣象局所提供的紅外線衛星雲圖

▶ 圖1-7 國道三號走山空拍圖

▶ 圖1-8 左圖是網路上流傳的賓拉登死亡照，右圖是賓拉登生前照

1.2 影像格式與表示法

影像的基本單位是像素(Pixel)，例如：一般的螢幕解析度1024×768 Pixels，如圖1-9，也就是寬總共有1024個像素點，長總共有768個像素點，相乘後產生一平面大小為1024×768=786432個像素點來表示。當一平面像素點愈多，解析度愈好，不過相對的容量大小也較大。

▶ 圖1-9 1024×768的電腦螢幕桌面

影像類型依照色度表現的精緻程度又可分成黑白影像、灰階影像，與彩色影像：

一、黑白影像(Binary Image)

每一個像素點只有兩種選擇，也就是用1個位元來表示，不是0就是1，不是黑就是白，故稱黑白影像。黑白影像雖顯示的顏色只有兩種，但在不需要太多顏色的應用上，例如：二維條碼(Quick Response Code, QR Code)的表示上仍是相當足夠的，如圖1-10即為一張含有ICCL (Information Cryptology & Construction Lab)的QR Code。在條碼掃描方面，黑跟白是最佳的表示方式，其辨識能力也是最佳的情況，但若用在一般影像上(如圖1-11)，影像Baboon在識別上就有嚴重的問題，像是眼睛的地方缺少灰度或彩度來顯示。接下來我們介紹灰階影像與彩色影像，讀者就可以知道差異之處。

❯ 圖1-10 內容為ICCL的QR Code　　❯ 圖1-11 Baboon 黑白圖片，影像大小512×512

二、灰階影像(Gray Image)

灰階影像的每個像素點一般使用8個位元來表示，也就是利用0~255來表示黑與白之間的變化像素，若0代表全黑，255代表全白，若中間1~254像素愈趨向255，所表示的灰色就愈淡，如圖1-12，而其中有2^8=256種灰度來表現色度的變化；若中間1~254像素愈趨向0，所表示的灰色就愈深。灰階影像也可以用2、4、6不同的位元來表示，由於早期的儲存空間不能跟現在儲存空間相提並論，所以早期的監視器都是儲存成灰階影像，灰階影像可以將物體的輪廓清楚展現，也可以利用漸層顏色來表現出物體顏色的深淺。圖1-13可以發現灰階的

表示影像跟圖1-11差別很大，灰階圖片能表示的顏色變多，圖片變得有漸層的感覺，輪廓也清晰可見。

0   255

▶ 圖1-12 8-bit 灰度色階表

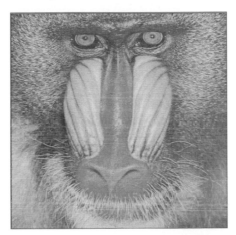

▶ 圖1-13 Baboon灰階圖片，影像大小512×512

三、彩色影像(Color Image)

　　每個像素點包含了RGB三種原色組成，RGB三原色分別代表紅色RED、綠色GREEN及藍色BLUE。每一種原色，也是由0~255的數值所產生，若紅色的數值為0就代表此像素點是沒有紅色這個原色的成份，紅色為255就代表這個像素點，有最飽滿的紅色原色存在。全彩模式(24位元)也就是在說明三種原色，每一種原色有8位元的表示空間，如圖1-14彩色的Baboon圖片，色彩豐富許多，即利用了RGB三原色組成多種顏色，也使得圖片更加鮮豔。以上說明RGB的色彩格式，接下來介紹另外一種CMYK的色彩格式，這兩種格式分別存在於不同領域，RGB用於螢幕顯示，CMYK用於印刷輸出，圖1-15說明RGB與CMYK的顏色關係圖。當我們將彩色影像列印時，可能都過過螢幕上面顯示的色彩很漂亮，但是印表機卻印出醜得要命的色彩，問題就出在RGB與CMYK

的差異性。印刷是用青(C, Cyan)、洋紅(M, Magenta)、黃(Y, Yellow)、黑(K, Black)四色油墨來印刷，能呈現的顏色比RGB所呈現在螢幕上的顏色還要少，所以當需要印出彩色影像時，直接使用CMYK來調配顏色是最佳的選擇。CMYK屬於顏色相減模式，數值越高越接近黑色；而RGB屬於顏色相加模式，數值越高越接近白色。CMYK是利用印刷的方式表現，所以當很多顏色聚集在一點，那一點就會呈現黑色，但是RGB是利用光源來呈現，當很多顏色的光源打在同一點上，那一點會變成很刺眼的白色，若沒有光源，則是黑色。RGB跟CMYK的顏色，剛好是互補的，如果在螢幕上看到紅色，要印出紅色，則需要用到黃色跟洋紅色才能印出。如果在螢幕上看到綠色，要印出綠色，則需要用到黃色跟青色才能印出。如果在螢幕上看到藍色，要印出藍色，則需要用到洋紅色跟青色才能印出。

▶ 圖1-14 Baboon彩色圖片，影像大小512×512

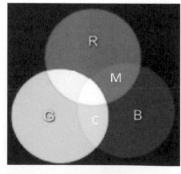

(a) RGB模式

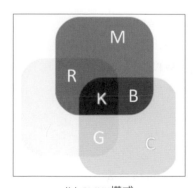

(b) CMYK模式

▶ 圖1-15 RGB與CMYK的關係圖

　　這三種類型在相同條件下，影像容量較大的當然就是彩色影像，其次是灰階影像，最後是黑白影像。當容量較大時，可以藉由影像處理壓縮方式 (壓縮方式將在第四章介紹)，來將影像做些許調整。而這種調整一般來說，人類的視覺系統是無法察覺出來的。目前影像格式包含有：BMP、JPEG、GIF、PNG、RAW、TIFF等，它們各自有各自的特色和優缺點，如何從中選取適當的格式使用，可以參見以下說明。

1. BMP(Bitmap)

　　由微軟公司所提出的點陣圖格式，BMP影像普遍可以支援RGB全彩模式，但是卻無法壓縮全彩影像，存檔後會變得很大，非常不適用於網路傳輸上。當個人網頁放置一張BMP的圖檔時，網頁載入速度勢必被拖慢。但因BMP格式是由微軟開發出來的格式，所以支援所有的windows系統 (包含舊系統)。此即為BMP格式的優點。

2. JPEG(Joint Photographic Experts Group)

　　網頁常用的圖形格式，因為JPEG的特色是高壓縮率，原本3MB的圖片轉換成JPEG檔後可能只剩幾百KB的影像。但由於JPEG是屬於破壞性壓縮，因此可能會造成圖片失真。在轉換過程中，壓縮率是一個主要影響影像成敗的關鍵因素。若設定壓縮率太高，將造成視覺上影像失真的感覺。

3. GIF(Graphics Interchange Format)

　　目前網頁最常用的影像格式，其特色是採用交錯圖顯示出現，讓使用者不會感受等待太久的時間，也可以製作成透明背景圖或將多張GIF圖片合併成一個GIF當成動畫顯示。GIF主要透過調色盤數量來決定影像大小，適合用在網路傳遞或網頁設計的影像應用上。但GIF最多只能儲存256色的色彩數目，是GIF的致命缺點。

4. PNG(Portable Network Graphics)

　　由於GIF有權利金的問題，所以PNG就成了免費的替代品。GIF的優點PNG都有，唯一沒有的是動畫。早期的PNG是無法設計出動畫，但在2008年，推出了一種新的格式Animated Portable Network Graphics (APNG)，為PNG的延伸

格式，可改善PNG無法設計成動畫的缺點。APNG可以設計出跟GIF格式一樣的動畫，讓PNG格式可以更為強大應用上更為方便。

5. RAW

RAW圖片是最單純的影像，沒有任何的標頭檔也沒有任何的壓縮處理。RAW檔的每個像素點，一般被記錄為12-bit 或14-bit的訊息。位元數越高，檔案容量越大。但也因為RAW的檔案格式處理較有彈性，許多人或是攝影師都推崇RAW檔當作儲存格式。

6. TIFF(Tagged Image File Format)

1980年代，掃描器廠商為了統一標準格式，提出了一個公用的掃描圖檔格式TIFF。在剛開始的時候，因為當時的桌面掃描器只能掃瞄出黑白的影像格式，所以TIFF 還只是一個黑白影像格式。但隨著掃描器的功能愈來愈強大，TIFF逐漸支援灰階影像和彩色影像。TIFF 有三大特點：

(1) 可應用於多種工作平台，並具有跨平台能力。

(2) 提供多種壓縮策略。

(3) 具有豐富的色彩支援。

在介紹完常見的影像格式後，接著介紹影像的表示方式，讓讀者進入這一個色彩多變的二維影像。一張影像圖片通常是二維的平面圖，如圖1-16，一張黑白圖片或灰階圖片的每一個方格，都可以存放一個像素值，黑白影像利用0或1來表示，若為灰階圖片，則可以用8-bit(0~255)的範圍來表示灰色的深淺，$I(x, y)$則代表位置在x, y的像素值，圖片寬度為x，長度為y。圖1-17為Lena 512×512的灰階圖片，我們將眼睛部分放大來看：沒放大時，眼睛的部分看起來很精緻、細膩；放大後，我們可以清楚的看出每一個像素點，這些像素點的值，介於0~255的範圍。但彩色圖片就有所不同了，可以想像成一張彩色圖片，由三種顏色重疊而成，如圖1-18，第一層為紅色Red，中間層為綠色Green，第三層為藍色Blue所表示而成。

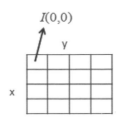

▶ 圖1-16 影像的組成

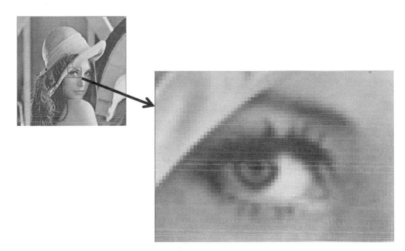

▶ 圖1-17 Lena灰階圖像

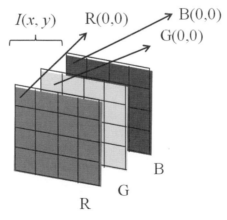

▶ 圖1-18 彩色影像的組成

1.3 影像的謬誤

我們了解影像表示系統後，接下來介紹一些有趣的影像。這小節將讓讀者更加了解影像所造成的迷思。日常生活中，許多的影像會造成另外一種的錯覺，像八卦雜誌的錯位照，或是利用色彩配置造成的視覺迷思，都是影像上相當有趣的議題。

範例 1

圖1-19總共有三個不同顏色的正方形，而裡面都有一個灰色的正方形，透過這張圖，可以發現最左邊裡面的灰色正方形亮度比較亮，最右邊的灰色正方形是在淺色的正方形內圈，將較之下，亮度是差不多亮的。但是，實際上三個內圍的灰色正方形，都是同一個顏色，亮度都是一樣的。影像處裡使用上的技巧，有很多種方法，這是其中一種，透過周圍影像的顏色，來產生視覺修正的技巧。

◆ 圖1-19 影像透過周圍顏色，使得視覺上亮度的提升

範例 2

如圖1-20，利用了許多直線來畫製，從人類視覺上來看，感覺是錯綜複雜的直線，但實際上，它們卻是垂直90度的線、水平180度的線和四條平行線所構成的。經由影像設計的處理，造成人類視覺上產生多種角度的直線。

◆ 圖1-20 錯綜複雜的線，它們是平行的嗎？

範例 3

　　圖1-21利用了兩個箭頭符號來讓視覺上有所變化，造成上方線條比下方線條還要長的錯覺。這些錯覺的產生，往往是經過影像處裡的應用，造成的。

❯ 圖1-21 是否兩條等長的線？

範例 4

　　圖1-22利用黑白影像，讓視覺產生兩種鞋子，是女人的高跟鞋還是男人的皮鞋呢？直著看，可以看出女人穿著高跟鞋，但是反過來看呢，就變成穿西裝褲的男人穿著的皮鞋了。光是黑與白，兩種顏色，就能產生出這麼奇妙的影像，更何況是灰階影像呢！

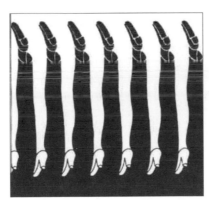

❯ 圖1-22 是女人的高跟鞋？還是男人的皮鞋？

範例 5

　　一張灰階影像躲了兩個傳奇人物？如圖1-23左邊的影像可以看出是知名的科學家愛因斯坦，前提是讀者沒有近視，近距離觀賞，但是如果讀者近視沒戴眼鏡，或是把影像放到2公尺以外的距離觀賞，就變成美國20世紀著名的電影女演員瑪麗蓮夢露。為了方便讀者察覺出來，右邊的影像是將左邊的影像進行模糊化所產生的結果，讓讀者不用脫掉眼鏡，不用把書拿遠，就可以看出瑪麗蓮夢露。

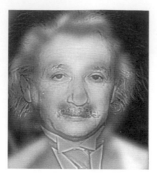

▶圖1-23 同一張圖，你看到誰呢？愛因斯坦還是瑪麗蓮夢露？

1.4 結語

　　數位影像處理隨著近幾年科技的發展，越來越多人在關注如何將數位影像翻修、修片等，在這之前我們先了解了數位影像的發展與應用，以及目前影像多種的格式，對於後面要介紹的影像上的頻率域、空間域、壓縮域，以及影像處理中常用的技巧，有一定的幫助與輔助。不同的影像格式，在應用方面也會有些不同，傳遞空間與頻寬有限時，可以利用高壓縮的影像格式來處理。當需要保存較完整的影像資訊時，可以利用較原始的影像格式加以處理。

問題與討論

1. 撰寫一程式，將灰階影像讀入，並嘗試調整像素值，輸出修改過後的影像。
2. 列表比較RAW、BMP、JPEG格式。
3. 舉例說明數位影像處理的用途。
4. 說明解析度與像素值。
5. 舉例說明兩種以上黑白影像、灰階影像、彩色影像的應用。
6. 網路上很多免費自行製作QR code的網站，請製作一個屬於自己的QR Code。

02

影像處理－空間域

影像處理的過程中，較為直覺的方式，不外乎是空間域影像處理的技術。空間域影像處理是直接針對像素值進行處理，不同的調整方式，不同的濾波技巧，都將在本章中探討介紹。利用灰階影像來輔助說明影像處理技巧，讓讀者可以迅速進入空間域的奇妙世界。

頻率域影像處理的技巧，相對於空間域影像處理稍有技巧，也須多些邏輯推想空間，所以我們必須先了解空間域處理。空間域影像處理的概念，很直覺也很直觀，就是將影像的像素值加以修改、調整、變化，而產生另一張處理過後的影像。針對不同的應用，有不同的處理方式，影像太黑，可以透過調整來變亮；太白，也可以透過調整來變暗，或是想要把影像依應用做調整，諸如：模糊化、銳利化，都可以在像素值上加以直接處理。

2.1 空間域介紹

每一張數位影像，皆是由二維陣列的矩陣所組成的，每一個像素值，皆可用$I(x, y)$所表示，如圖2-1。空間域影像處理可以表示成公式(1)，T為轉換技術，當影像進行轉換時，轉換技術都會輸出一個新的像素值，$I(x, y)$為原始像素值，$G(x, y)$為轉換過後新的像素值。

$$G(x,y) = T\,[I(x,y)] \dots\dots\dots\dots\dots\dots\dots\dots\dots\dots\dots 公式(1)$$

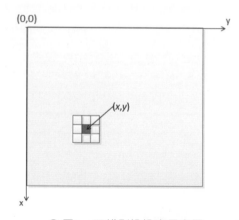

● 圖2-1 二維影像像素示意圖

範例 1

我們利用一張「Lena」的圖片來做說明，圖2-2為一張512×512大小的「Lena」圖片，其中我們放大紅色框的部分為圖2-3。圖片大小是512×512，所以x和y的範圍為0~511，圖2-3為x=249到286，y=255到276的範圍，那要指

出其中一點，如圖2-3紅色圈起來部分是眼睛最黑之處，其像素值位置可以用
I(265,264)來表示。*I*(265,264)的像素值為222，*T*表示目前處理模式，假設是將
像素值設為0，也就是經過T處理後，*I*(265,264)的像素值變成0，如圖2-4。上
述是一個很簡單的空間域影像處理的例子，它讓讀者有簡單清楚的空間域影像
處理概念。由於空間域影像處理是如此的簡單，從上述例子可以發現*T*在空間
域影像處理過程中，扮演一個很重要的角色。我們也可以輕而易舉的將影像變
亮、或是變暗，圖2-5所示，圖2-5(a)為原始的「Lena」，圖2-5(b)為增加亮度的
「Lena」，圖2-5(c)為減少亮度的「Lena」。

❷ 圖2-2 512×512灰階影像「Lena」

❷ 圖2-3 放大圖2.2紅色區塊

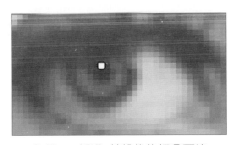

❷ 圖2-4 經過*T*轉換後的紅色區塊

(a)為原始「Lena」　(b)為原始「Lena」每個像素值 (c)為原始lean每個像素值 -19個
　　　　　　　　　+15個單位　　　　　　　　單位

❷ 圖2-5 簡單的亮度調整

經過以上的介紹，讀者對空間域影像處理有一定的概念後，後面小節會陸續介紹其他空間域影像處理的使用技巧。

2.2 像素的秘密

在這小節，將會介紹像素值。空間域影像處理的技巧就是玩弄著像素值，因此更必須要了解像素值且像素值自己本身會透漏一些秘密。

範例 2

圖2-6(a)是原始灰階8-bit的「Baboon」，圖2-6(b)則是最高位元(也就是最左邊的位元)顯示出來的影像，若最高位元為1，則顯示白色；為0，則顯示黑色。假設一個像素值為188，轉換成8-bit的二進制表示為$(10111100)_2$，最高位元是1。以此類推，圖2-6(c)是第二高位元，圖2-6(d)是第三高位，…。從圖2-6來看，當越接近最高位元時，能呈現出的「Baboon」圖形，較為明顯。若為最低位元，所能呈現的「Baboon」圖形，可以說是完全沒有，無法看出其所以然。「Baboon」的八個位元平面，到了第六高位元時，已經完全無法看到輪廓了。由此可見，最高位元最能表現出圖形本身的結構，所以當進行影像處理時，必須很小心地使用最高位元。圖2-7說明一張8-bit灰階圖形的最高位元與最低位元的關係，許多資訊隱藏技術，都是利用最低位元，也就是最不重要的位元來進行資訊隱藏，因為就算把最不重要的位元省略掉、忽略掉，影像本身結構不會因此有很大改變。如何利用這個特色來將機密訊息藏入像素值內，此部分在本書第二部分訊息隱藏處，會詳細地講解。上述利用8-bit灰階圖形來說明，在彩色圖片RGB中，也是相同的概念，每一個原色(R，G，B)都有自己的Bit Plane，最後再將全部的Bit Plane 組合起來成為我們所看到的彩色圖形。

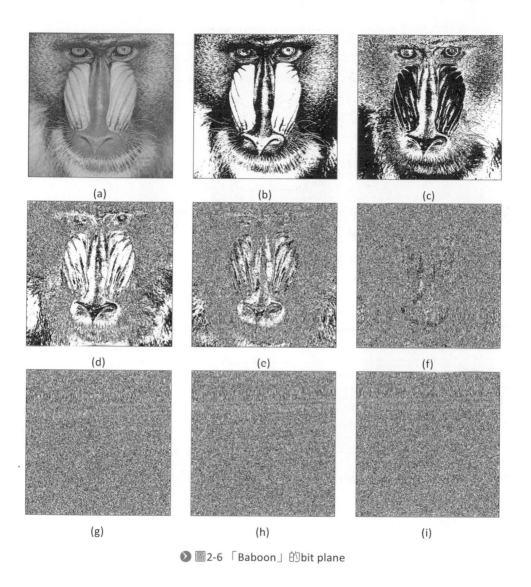

(a)　　　　　　　　(b)　　　　　　　　(c)

(d)　　　　　　　　(e)　　　　　　　　(f)

(g)　　　　　　　　(h)　　　　　　　　(i)

圖2-6 「Baboon」的bit plane

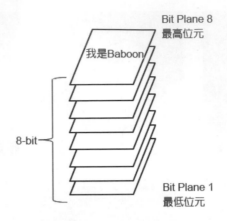

Bit Plane 8
最高位元

我是Baboon

8-bit

Bit Plane 1
最低位元

❯ 圖2-7 8-bit像素值最高位元和最低位元示意圖

2.3 統計直方圖表示法

在了解了像素值的秘密後，接下來我們要更進一步的利用統計直方圖 (Histogram)表示法的技巧，來針對影像進行處理。

範例 3

我們還是繼續以8-bit灰階影像來說明其概念，8-bit灰階影像的像素值範圍落在0到255之間，利用統計方式，將像素值0到255的個數，加總起來產生一張直方圖，如圖2-8所示。圖2-8為「Girl」灰階影像的統計直方圖，最小的像素值為10，最大的像素值為224，最高點為像素值175，總共有3739個像素值都是175。統計直方圖可以呈現出很多資訊，若最高峰點偏向像素值255時，我們可以知道這張影像是偏亮的；若峰點偏向像素值0，則影像是偏暗的。灰階影像「Girl」第一眼看到時，可以明顯感受到背景牆壁的高亮度，使得統計直方圖為右偏的山峰。

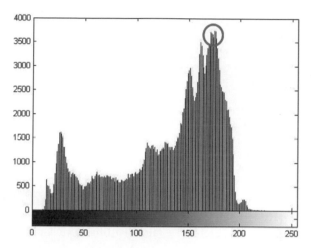

▶ 圖2-8 灰階影像「Girl」的統計直方圖

在了解統計直方圖如何產生後，我們開始深入了解統計直方圖，利用灰階影像「Tiffany」來說明，將「Tiffany」做些影像處理，調整亮度、調整對比度，來看統計直方圖有什麼變化。

範例 4

圖2-9(a)是原始「Tiffany」的8-bit灰階影像，從統計直方圖來看，像素值偏向255的方向，其主因是因為「Tiffany」本身圖片偏白的結果，像素值落在150到240居多。圖2-9(b)~(e)是利用圖2-9(a)來做影像處理的動作，圖2-9(b)使用了調整亮度，增加了15個單位，很明顯地看出統計直方圖跟原本正常的灰階影像已經差別很大。經過影像處理的影像，統計直方圖會集中在某幾個像素值，不像原本的統計圖，像素值幾乎分布在150到240之間。由於是增加亮度，圖2-9(b)的像素值也是偏向像素值255的部分。圖2-9(c)是調整亮度，將亮度減少60個單位，可以看出其統計直方圖是偏向0，黑色的那一邊。圖2-9(d)是經過對比調整，將對比強度增大70個單位，可以看出其輪廓相較其他張圖片，輪廓非常明顯。圖2-9(e)是經過對比調整，將對比強度減少70個單位，當對比度下降時，輪廓就不明顯了。

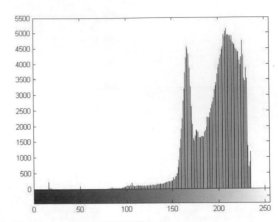

(a)原始「Tiffany」的8-bit灰階影像

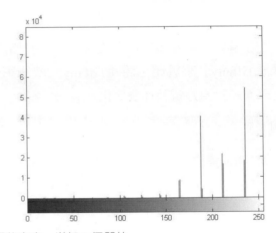

(b)調整亮度，增加15個單位

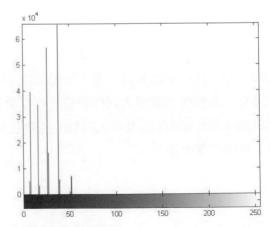

(c)調整亮度，減少60個單位

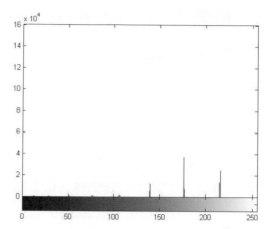

(d)對比調整，強度增大70個單位

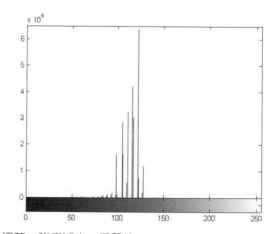

(e)對比調整，強度減少70個單位

▶ 圖2-9 灰階影像「Tiffany」經過不同影像處理後的統計直方圖

2.4 空間域濾波器的介紹

　　經過前幾節的介紹，對於空間域的影像處理方式與透過統計直方圖來了解影像有相當的程度後，現在開始介紹許多常用的空間域濾波與其特色。

2.4.1 影像負片(Image Negatives)

影像負片顧名思義就是亮變暗或暗變亮，在8-bit灰階影像中，其像素範圍是0到255，影像中具有 255 數值的像素會更改為 0，而數值為 10 的像素會變成 245。可以看出這是蠻簡單的一種影像處理方式，公式如 (2)所示。

$$G(x,y) = 255 - I(x,y)\text{..公式(2)}$$

其中$G(x,y)$是經過處理後的像素值，$I(x,y)$是原始的像素值。圖2-10為負片處理轉換的範例，當輸入的像素值為10，則輸出的像素值會是245；當輸入的像素值為205，則輸出的像素值會是50。負片影像處理常用在醫學影像中，由於X光片是黑色底，當檢視數位X光片的時候，若將影像經過負片處理後，X光片容易看得比較仔細。

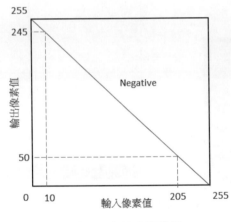

▶ 圖2-10 負片處理轉換

範例 5

我們用圖2-11「Peppers」來說明負片的效果，圖2-11(a)為原始的「Peppers」，圖2-11(b)為經過負片處理的「Peppers」。原始的「Peppers」有些部分有光澤，所以在影像上會產生比較對比的亮度，經過負片處理後，那些比較特別的亮度會因為公式轉換，變成較為深色的像素值，從圖2-11(b)中很容易清楚的看出圖片較不同的地方。在醫學影像上，X光片照出身體上某些病變處，經過負片處理後，醫生就可以容易判斷結果。

(a)原始圖　　　　　　　　　　　　(b)經過負片處理

圖2-11 「Peppers」的負片處理效果

2.4.2 對數轉換(Log Transformations)

在國中數學裡就提到的對數轉換，也可以拿來使用在數位影像處理當中。沿用公式(2)的變數，對數轉換如公式(3)。

$$G(x,y)= c \times log(1+ I(x,y)) \quad\text{公式(3)}$$

對數轉換的特性是將影像比較暗的地方，透過對數轉換後，提升為較亮的像素值。

範例 6

如圖2-12所示，我們利用灰階圖形「Toys」來說明，「Toys」的圖形像素值分布較廣，使用對數轉換影像處理效果較佳，圖2-12(a)為原始的「Toys」，主要可以分成前面的玩具，後面的黑板，以及背景牆壁。對數轉換的效果，就是將像素值較黑的地方呈現出來，其他則呈現白色忽略掉。圖2-12(b)經過對數轉換後，可以發現原始影像較黑的地方依然可以清楚看到，但一些灰色處已經跟牆壁顏色一樣了，原本吊掛機具的玩具經過處理後，已經跟牆壁顏色無法區分了，只剩下黑板顏色跟顏色較深的積木可以清楚看到顏色。這就是對數轉換的特色，保留較深色的像素值，其他的像素值都轉換成白色的像素值，當像素值重複性越高，連續出現越多時，更容易方便進行影像資料壓縮，壓縮部分將在第四章做介紹。

(a)原始圖

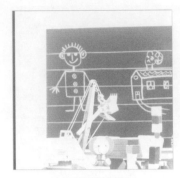
(b)經過對數轉換

❯ 圖2-12 灰階影像「Toys」的對數轉換效果

2.4.3　中位數濾波器(Median Filter)

　　在模糊濾波中，我們介紹的是中位數濾波器，它是一種非線性的濾波器，其方法是以一個固定大小的遮罩矩陣$M(N \times N)$掃描過整張影像的每一個像素，再將掃描後遮罩矩陣中的每一個像素值做排序，並以這些排序過後像素值的中位數作為結果的輸出，以取代原來的像素值，公式如(4)。

$$G(x, y) = Median\{I(x, y) \mid (x, y) \in M\}$$ ....公式(4)

　　中位數濾波器可以有效的解決胡椒鹽雜訊(salt and pepper noise)的攻擊，利用中位數的排序技巧，有效地將差異較大的像素值，排除到左右兩側。中位數濾波器處理方式可分成三類，如圖2-13，(a)當處理像素a落在角落時，則使用像素值a和鄰近的三個像素值處理，(b)處理像素a落在邊緣時，則使用像素值a和鄰近的五個像素值處理，(c)若鄰近像素值皆可被遮罩涵蓋時，就用九個像素值處理。

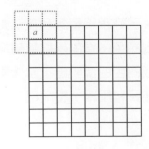
(a)

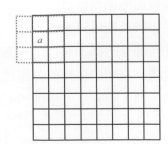
(b)

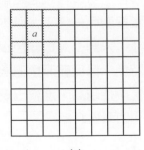
(c)

❯ 圖2-13 處理像素值在不同地方時，中位數濾波器處理的方式

範例 7

　　假設遮罩大小為3*3，目前處理的像素值100，剛好是被胡椒鹽雜訊攻擊到的，所以像素值跟周圍的像素值差異很大，利用中位數濾波器來修補，將遮罩裡的像素值(50, 55, 52, 40, 100, 50, 40, 45, 49)進行排序，排序後結果為(50, 55, 52, 40, 50, 50, 40, 45, 49)，中位數為50，則將目前處裡的像素值100改為50，如圖2-14所示。圖2-15利用灰階圖片「Toys」來讓讀者更容易了解中位數濾波器的妙用。圖2-15(a)為原始圖片「Toys」，當「Toys」圖片遭受胡椒鹽雜訊攻擊時，會有很多的雜點落在圖片中，如圖2-15(b)，利用中位數濾波器的修復的結果顯示在圖2-15(c)。從圖2-15可以看出，修復過後的「Toys」圖片跟原始圖片沒有什麼差別，並將胡椒鹽雜訊都移除掉了，但是，修復過後的「Toys」跟原始圖片相比還是有些模糊掉了。其主因是利用中位數來做取代的動作，可能跟原本的像素值有些許差異，但差異不大所造成的模糊化。

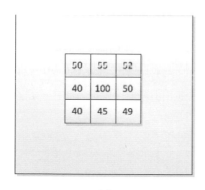

(a)

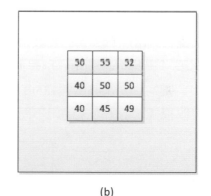

(b)

◆ 圖2-14 中位數濾波器範例

(a)

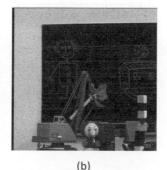

(b)

(c)

◆ 圖2-15 「Toys」圖片經過胡椒鹽雜訊的圖片與利用中位數濾波器修復的結果

2.4.4 拉普拉斯運算(Laplacian)

銳利濾波主要功能是將邊的部分突顯出來，邊緣變化很大的資訊保留下來，在此小節將介紹Laplactian運算，Laplactian運算使用二階微分計算像素值差異量，相較於一階微分，二階微分需要較大的變化量，才會被顯示出來。因為影像是二維的空間，所以針對垂直與水平進行偏微分，其公式定義如下：

$$\bigtriangledown^2 f = \frac{\partial^2 f}{\partial x^2} + \frac{\partial^2 f}{\partial y^2}$$ ....公式(5)

$$\frac{\partial^2 f}{\partial x^2} = f(x+1,y) + f(x-1,y) - 2f(x,y)$$...........................公式(6)

$$\frac{\partial^2 f}{\partial y^2} = f(x,y+1) + f(x,y-1) - 2f(x,y)$$...........................公式(7)

將上面三個式子做個總結，可得到公式(8)

$$\bigtriangledown^2 f(x,y) = f(x+1,y) + f(x-1,y) - 2f(x,y) + f(x,y+1) + f(x,y-1) - 2f(x,y)$$
$$= f(x+1,y) + f(x-1,y) + f(x,y+1) + f(x,y-1) - 4f(x,y)$$ ....公式(8)

根據公式(8)與圖2-16的濾波遮罩相關位置，可以得到圖2-17(a)垂直水平的濾波遮罩。圖2-17(a)和(b)分別是偵測邊的不同方向，圖2-17(a)為90度與180度的方向，圖2-17(b)為45度與135度的方向。不同的邊有不同的角度，加強邊緣時，可以根據邊的角度來使用不同的遮罩。

x-1, y-1	x-1, y	x-1, y+1
x, y-1	x, y	x, y+1
x+1, y-1	x+1, y	x+1, y+1

❱ 圖2-16 *x, y*的濾波遮罩

0	1	0
1	-4	1
0	1	0

1	0	1
0	-4	0
1	0	1

(a)垂直水平方向 (b)對角方向

▶ 圖2-17 Laplacian濾波遮罩

範例 8

我們用一張灰階影像來說明如何使用Laplacian運算達到加強邊緣，也就是銳利化。圖 2-18說明灰階影像「Barbara」經過Laplacian運算之過程，「Barbara」的影像特色是有很多線條，也就是有很多邊的意思，在經過Laplacian運算後，如圖2-18(b)，其邊緣都會被突顯出來。最後，將找出的邊緣加回原始「Barbara」灰階影像，就可以達到影像銳利化的效果，如圖2-18(c)。

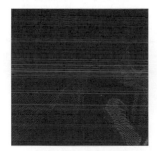

(a)原始影像　(b)經過Laplacian濾波遮罩處理後的結果　(c)將(b)跟(a)結合的結果，強調邊緣處，產生銳利化效果

▶ 圖2-18 灰階影像「Barbara」利用Laplacian銳利化的過程

2.5 結語

本章說明了空間域的影像處理技術，主要就是針對像素值進行處理，從基本的像素值概念，利用統計直方圖來了解一張影像的特徵，以及利用遮罩來達到模糊化、銳利化等效果，都是在空間域影像處理中常用到的概念與技巧。認識這些概念與技巧，有助於讀者了解本書後面章節的影像處理的應用。

問題與討論

1. 試抓取一張灰階影像的1~8 Bit Plane。

2. 修改一張影像,使影像變亮,說明像素值統計圖的變化。

3. 利用三種空間域濾波處理影像,並說明其特色。

4. 自行拍攝一張報紙,並透過邊緣銳利化處理,使得報紙中的文字更加清晰可見。

03

影像處理－頻率域

導讀

在頻率域中，影像處理過程中多了許多數學式了，而這些式子的目的是讓影像從空間域轉換到頻率域，從像素轉換成頻譜係數。本章我們則介紹幾個轉換處理的過程，像是比較常見的離散小波轉換、離散餘弦轉換等等。

在影像處理中，除了空間域影像處理外，還有另外一種是頻率域影像處理。頻率域影像處理是從空間域經過運算方式轉變到頻率域，像是離散餘弦轉換、離散小波轉換等。在了解離散餘弦轉換之前，我們先介紹一位法國的數學家——傅立葉。傅立葉是很重要的一個人物，他提出了一些論點，讓頻率域可以在不同領域中發揚光大，例如：物理學、聲學、光學、訊號處理、密碼學、通訊等領域都有傅立葉轉換的廣泛應用。

3.1 傅立葉簡介

傅立葉(Jean Baptiste Joseph Fourier) (圖3-1)，1768年出生於法國的歐塞爾小鎮，爸爸是位裁縫師，以當時的環境而言，社會地位略低微，在傅立葉九歲的時候，父母雙亡，當地教堂收留了傅立葉，12歲時，主教將他送入地方軍事學校讀書。此時，傅立葉顯現出他在文學與數學的興趣，14歲的他已讀完《數學教程》全六冊。19歲時選擇進入 Benedictine修道院，希望成為神父，但之後三年，他不斷掙扎於數學與宗教之間，曾在一封信中說：「昨天是我21歲生日，在這個年紀牛頓與 Pascal 早就完成許多不朽的工作。」。最後，他還是選擇他的興趣——數學，1807年，傅立葉向巴黎科學院呈交〈固體中的熱傳導〉論文，推導出著名的熱傳導方程式，並在求解方程式時發現解析函數可以由三角函數構成的級數形式表示。從熱傳導方程式中推廣出傅立葉轉換(Fourier Transform)，傅立葉轉換能將滿足一定條件的某個函數表示成三角函數(正弦和/或餘弦函數)，或者它們的積分的線性組合。在不同的研究領域，傅立葉轉換具有多種不同的變體形式，如連續傅立葉轉換和離散傅立葉轉換，兩者差異在於連續傅立葉轉換在處理資料時，資料屬於時間連續性，處理上使用積分 $\int$；但在離散傅立葉轉換時，資料的時間點屬於單點資料，故在處理上使用加總 Σ。在影像處理中，常用到的離散餘弦轉換(Discrete Cosine Transformation, DCT)或稱DCT轉換，也是由離散傅立葉轉換所變化而成的，下一小節，我們將介紹離散餘弦轉換，DCT。

▶ 圖3-1 傅立葉Fourier(1768～1830)

3.2 離散餘弦轉換(Discrete Cosine Transform, DCT)

在這小節，我們將介紹頻率域影像處理中的離散餘弦轉換，了解離散餘弦轉換前，我們先了解轉換的流程，在經過上一章空間域影像處理的介紹，讀者已有了像素值的概念，但在離散餘弦轉換過程中，將像素值轉換到頻率域空間稱為離散餘弦正轉換(Forward Discrete Cosine Transformation, FDCT)，從頻率域還原到空間域的部分稱作離散餘弦反轉換(Inverse Discrete Cosine Transformation, IDCT)，如圖3-2所示。當影像經FDCT轉換到頻率域後，許多研究者在此進行影像的處理，例如：影像修補、調整，或是資訊隱藏等。我們利用灰階影像F16來說明DCT的區塊切割概念(如圖3-3)，將影像完整的切割成8×8大小的區塊，每個區塊中有64個像素，且每個區塊是不重疊的。假設輸入的影像為A，影像大小為$M \times N$，輸出的影像為B，則FDCT與IDCT的公式如下：

1. FDCT

$$B_{pq} = \alpha_p \alpha_q \sum_{m=0}^{M-1} \sum_{n=0}^{N-1} A_{mn} \cos \frac{\pi(2m+1)p}{2M} \cos \frac{\pi(2n+1)p}{2N}, \ 0 \le p \le M-1, \ 0 \le q \le N-1$$

其中 $\alpha_p = \begin{cases} \dfrac{1}{\sqrt{M}}, p = 0 \\ \sqrt{\dfrac{2}{M}}, 1 \le p \le M-1 \end{cases}$ and $\alpha_q = \begin{cases} \dfrac{1}{\sqrt{N}}, q = 0 \\ \sqrt{\dfrac{2}{N}}, 1 \le q \le N-1 \end{cases}$

2. IDCT

$$A_{mn} = \sum_{p=0}^{M-1} \sum_{q=0}^{N-1} \alpha_p \alpha_q B_{pq} \cos\frac{\pi(2m+1)p}{2M} \cos\frac{\pi(2n+1)p}{2N}, \ 0 \le m \le M-1, \ 0 \le n \le N-1$$

其中 $\alpha_p = \begin{cases} \dfrac{1}{\sqrt{M}}, p = 0 \\ \sqrt{\dfrac{2}{M}}, 1 \le p \le M-1 \end{cases}$ and $\alpha_q = \begin{cases} \dfrac{1}{\sqrt{N}}, q = 0 \\ \sqrt{\dfrac{2}{N}}, 1 \le q \le N-1 \end{cases}$

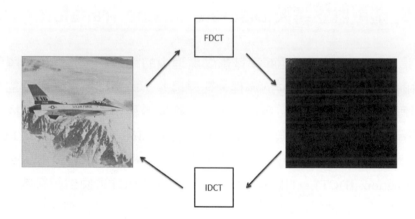

◗ 圖3-2 DCT轉換流程圖

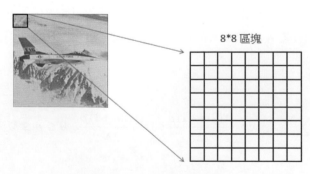

◗ 圖3-3 DCT區塊分割概念

這些公式可以利用程式軟體(C語言、Matlab)的設計與操作，即可輕易的執行DCT轉換。接下來我們將介紹DCT的基頻(基本頻率)影像，在8×8區塊大小中，會有64種的基頻影像，如圖3-4。這64種基頻影像是利用8×8區塊來產生的，利用對應的位置，設定為非0的值，其餘皆是0所產生。如圖3-4最左上角的全黑區塊是在8×8區塊中的(0,0)位置輸入-1024，其餘皆是0，再進行IDCT後產生而成，圖3-4中的(0,1)位置，是垂直的線條，是將在8×8區塊中的(0,1)位置輸入-1024，其餘皆是0，再進行IDCT後所產生而成的，圖3-4中的(1,0)位置，是水平的線條，是將在8×8區塊中的(1,0)位置輸入-1024，其餘皆是0，再進行IDCT後所產生而成的，以此類推。(0,0)位置又稱為直流DC係數，除了(0,0)位置，其他由黑白交錯產生的基頻影像稱為交流AC係數，可以發現頻率從左上到右下逐漸遞增，從低頻、中頻到高頻，如圖3-5。圖3-4與圖3-5對照比較，可以了解低頻的定義為黑白顏色交換頻率較低，當黑白顏色交換頻率較高的影像區塊，稱為高頻影像區塊。經過DCT轉換後的數值大，我們可以知道區塊是落在中高頻區，其相鄰像素的變化量也較大。所以，若一張數位影像，只有一種顏色，在頻率域中所表示法就只有一個DC值而已，如圖3-6。

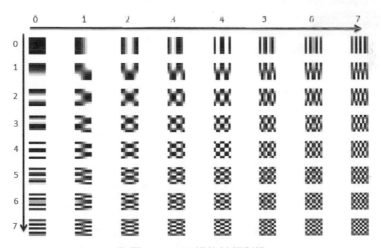

❯ 圖3-4 DCT二維的基頻影像

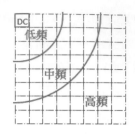

▶ 圖3-5 基頻影像頻率分佈圖

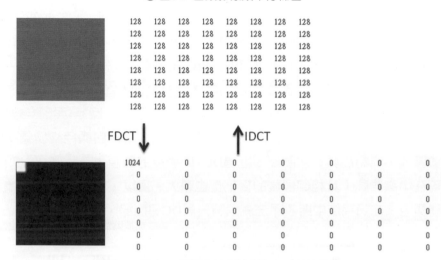

128	128	128	128	128	128	128	128
128	128	128	128	128	128	128	128
128	128	128	128	128	128	128	128
128	128	128	128	128	128	128	128
128	128	128	128	128	128	128	128
128	128	128	128	128	128	128	128
128	128	128	128	128	128	128	128
128	128	128	128	128	128	128	128

FDCT ↓   ↑ IDCT

1024	0	0	0	0	0	0
0	0	0	0	0	0	0
0	0	0	0	0	0	0
0	0	0	0	0	0	0
0	0	0	0	0	0	0
0	0	0	0	0	0	0
0	0	0	0	0	0	0

▶ 圖3-6 只有一種顏色的影像進行DCT轉換的結果

範例 1

　　另外，我們再進行一些有趣的實驗，將頻率域資料陣列最右上角與最左下角分別設為128，來看其結果。而我們將頻率域資料陣列(0,7)的位置設為128，其餘皆為0，並進行IDCT的轉換，其影像產生為灰階的垂直影像如圖3-7(b)，跟圖3-4基頻影像(0,7)位置，如圖3-7(c)類似，差別在於灰階程度而已。

0	0	0	0	0	0	0	128
0	0	0	0	0	0	0	0
0	0	0	0	0	0	0	0
0	0	0	0	0	0	0	0
0	0	0	0	0	0	0	0
0	0	0	0	0	0	0	0
0	0	0	0	0	0	0	0
0	0	0	0	0	0	0	0

(a)

132	115	147	106	150	109	141	124
132	115	147	106	150	109	141	124
132	115	147	106	150	109	141	124
132	115	147	106	150	109	141	124
132	115	147	106	150	109	141	124
132	115	147	106	150	109	141	124
132	115	147	106	150	109	141	124
132	115	147	106	150	109	141	124

(b)

(c)

▶ 圖3-7 頻率域資料陣列(0,7)的位置設為128，其餘皆為0，進行IDCT的結果

範例 2

　　另外我們也將頻率域資料陣列(7,0)的位置設為128，其餘皆為0，並進行IDCT的轉換，其影像產生為灰階的水平影像如圖3-8(b)，跟圖3-4基頻影像(7,0)位置，如圖3-8(c)類似，一樣差別在於灰階程度而已。

0	0	0	0	0	0	0	0
0	0	0	0	0	0	0	0
0	0	0	0	0	0	0	0
0	0	0	0	0	0	0	0
0	0	0	0	0	0	0	0
0	0	0	0	0	0	0	0
0	0	0	0	0	0	0	0
128	0	0	0	0	0	0	0

(a)

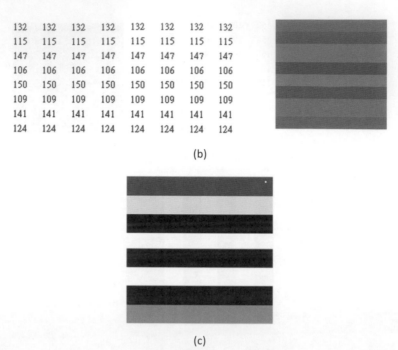

132	132	132	132	132	132	132	132
115	115	115	115	115	115	115	115
147	147	147	147	147	147	147	147
106	106	106	106	106	106	106	106
150	150	150	150	150	150	150	150
109	109	109	109	109	109	109	109
141	141	141	141	141	141	141	141
124	124	124	124	124	124	124	124

(b)

(c)

● 圖3-8 頻率域資料陣列(7,0)的位置設為128，其餘皆為0，進行IDCT的結果

圖3-7和圖3-8，使用了頻率域資料陣列(0,7)和(7,0)的位置分別設為128，若將頻率域資料陣列(0,7)和(7,0)的位置同時設為128，其空間域的影像會跟分別設置所產生的空間域影像有關係嗎？ 以下我們將說明其特性：利用頻率域資料陣列(0,7)和(7,0)的位置同時設為128，進行IDCT運算。

範例 3

如圖3-9(b)為轉換到空間域的像素值，圖3-9(c)是圖3-9(b)所產生的灰階影像，其中可以發現，圖3-9(b)的像素值剛好可以利用圖3-7(b)和圖3-8(b)的像素值計算而成，其公式如下：

$$圖3\text{-}9(b)\ (x, y) ＝ 圖3\text{-}7(b)\ (x, y) ＋ 圖3\text{-}8(b)\ (x, y) － 128$$

在空間域頻率域轉換過程中，可能會有小數點的誤差，所以當圖3-7(b)和圖3-8(b)相加時，可能導致與圖3-9(b)有誤差正負1的情況。當像素從空間域轉換到頻率域時，頻率域的數值會帶些小數點，兩個頻率域的資料陣列合併時，可能會將兩個小數點都低於0.5的數值，相加後會大於0.5，導致輸出時，會四

捨五入，產生正負1的狀況。舉例來說，18.4和18.4這兩個數值，分開看四捨五入時並相加，18加18為36，但合併來看時，36.8四捨五入為37，此時就產生正負1的誤差了。最簡單的解決方式只要將小數點捨去即可。

0	0	0	0	0	0	0	128
0	0	0	0	0	0	0	0
0	0	0	0	0	0	0	0
0	0	0	0	0	0	0	0
0	0	0	0	0	0	0	0
0	0	0	0	0	0	0	0
0	0	0	0	0	0	0	0
128	0	0	0	0	0	0	0

(a)

137	120	151	110	155	114	145	128
120	103	134	93	138	97	128	111
151	134	166	125	169	128	159	142
110	93	125	84	128	87	118	101
155	138	169	128	172	131	163	146
114	97	128	87	131	90	122	105
145	128	159	118	163	122	153	136
128	111	142	101	146	105	136	119

(b)

(c)

▶ 圖3-9　頻率域資料陣列(0,7)和(7,0)的位置同時設為128，其餘皆為0，進行IDCT的結果

範例 4

　　圖3-10是從一張圖隨機擷取出來的8×8區塊灰階影像與其像素值，利用FDCT轉換後如圖3-11，對照圖3-5可以了解到一個影像區塊的影像頻率分布。當然，利用圖3-11的頻率值進行IDCT即可回復到圖3-10的影像像素值。

$$\begin{bmatrix} 52 & 55 & 61 & 66 & 70 & 61 & 64 & 66 \\ 63 & 59 & 55 & 90 & 109 & 85 & 69 & 65 \\ 62 & 59 & 68 & 113 & 144 & 104 & 66 & 68 \\ 63 & 58 & 71 & 122 & 154 & 106 & 70 & 72 \\ 67 & 61 & 68 & 104 & 126 & 88 & 68 & 70 \\ 79 & 65 & 60 & 70 & 77 & 68 & 58 & 70 \\ 85 & 71 & 64 & 59 & 55 & 61 & 65 & 72 \\ 87 & 79 & 69 & 68 & 65 & 76 & 78 & 74 \end{bmatrix}$$

▶ 圖3-10 8×8灰階影像與其像素值

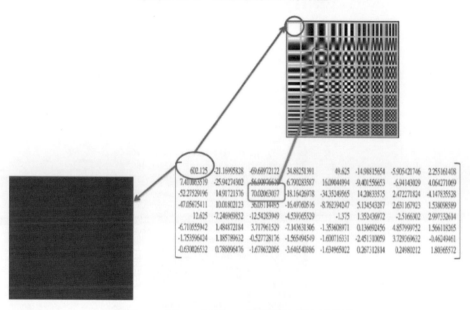

▶ 圖3-11 圖3-10經過DCT轉換後的頻率域數值

範例 5

從圖3-12(a)隨機擷取8×8區塊來做二維DCT轉換。圖3-12(b)的灰階影像與其像素值,利用FDCT轉換該區塊被轉換後產生的係數如圖3-12(c)所示,並且會有六個顯著的係數為:(0, 0)、(1,0)、(1, 1)、(2, 0)、(3, 0)、(4, 0),將這一些統計圖轉成數值並可以清楚的了解到一個影像區塊的影像頻率分布,如圖3-12(d)。

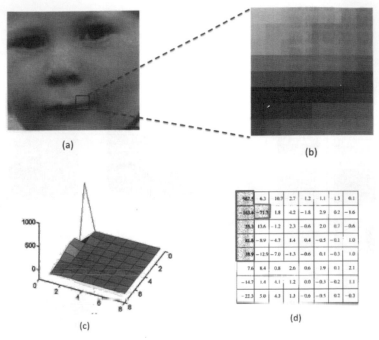

(a)

(b)

(c)

(d)

❯ 圖3-12　一張圖隨機經由FDCT轉換後的頻率域數值

　　常然我們也可以利用經由轉後的影像區塊頻率分布來重新恢復成原來的隨機影像。我們可以利用圖3-12(d)所產生六個顯著的係數來進行影像恢復。如圖3-13所示，首先我們使用IDCT轉換方法是將(0, 0)(基頻影像)乘以權重967.5，這一個權重的係數顯示該區塊均勻灰色並常常稱這一區塊為DC係數通常是在任何區塊中最為顯著的，如圖3-13第一行右側區塊顯示復原的DC係數區塊。接下來，我們使用IDCT轉換方法是將(1, 0)乘以權重163.4相當於減其原始圖案，如圖3-13第二行右側所示。依此類推最後就可以恢復成原始影像像素。

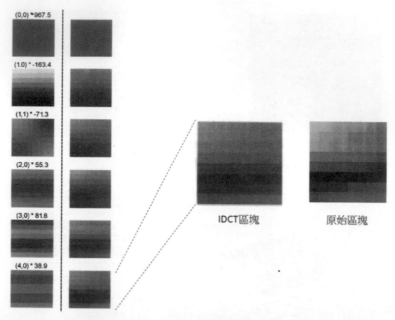

(0,0) * 967.5

(1,0) * -163.4

(1,1) * -71.3

(2,0) * 55.3

(3,0) * 81.8

(4,0) * 38.9

IDCT區塊　　　原始區塊

▶ 圖3-13 利用六個顯著的係數重建原始影像

範例 6

　　接下來我們將介紹，利用六個顯著權重來恢復回近似於原始影像。如圖3-14為我們轉換過程流程圖。首先，我們將Lena的影像經過FDCT轉換後會得到轉換係數。接下來我們使用(0, 0)這一個係數對每一個區塊做IDCT轉換後，得到一張轉換後的影像，如圖3-15(a)所示。接下來，我們使用(0, 0)、(0, 1)和(1, 0) 三個係數對每一個區塊來做IDCT轉換，得到一張轉換後影像，如圖3-15(b)。接著再使用(0, 0)、(0, 1)、(0, 2)、(1, 0)、(1, 1)和(2, 0) 六個係數對每一個區塊做IDCT轉換將會得到一張轉換後影像，如圖3-15(c)所示。最後，使用(0, 0)、(0, 1)、(0, 2)、(0, 3)、(1, 0)、(1, 1)、(1, 2)、(2, 0)、(2, 1)和(3, 0) 十個係數對每一個區塊做IDCT轉換，得到一張轉換後影像，如圖3-15(d)所示。從實驗結果，我們可以發現當我們係數使用越多時，所恢復的影像品質會接近原始影像，但是一般會有恢復影像品質與計算時間之考慮，其中範例5利用六個顯著的係數來做還原是兼具影像品質與計算時間的最佳方法。

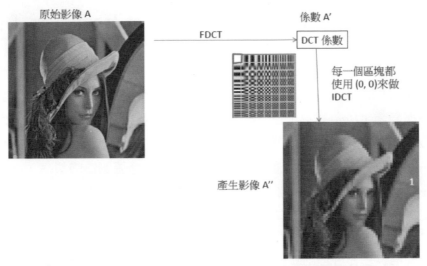

❷ 圖3-14 利用一個權重係數來完成IDCT轉換近似的原始影像流程圖

❷ 圖3-15 利用各種權重係數來完成IDCT轉換近似的原始影像

3.3 離散小波轉換(Discrete Wavelet Transform, DWT)

在這小節將介紹*Haar*的離散小波轉換，離散小波轉換的方法有很多種，我們選擇*Haar*的離散小波轉換來做介紹，其主因是為了讓讀者容易了解離散小波的精神與概念，*Haar*離散小波轉換方法也較為簡單，利用簡單的相加與相減即可完成。*Haar*離散小波轉換處理的方式是將影像所有的像素值，視為獨自的數值，針對所有數值進行相加或相減的運算，取得整張影像的頻率。一張數位影像，越平滑的區域，越不能做修改，一旦修改，人類的視覺系統會很輕易地辨識出來，但是在越複雜的區域上做修改，人類的視覺系統就無法輕易地辨識出來了。在這前提下，平滑區域也就是低頻的部分，複雜的區域就是高頻的部分，若要進行影像處理或是資訊隱藏，最好是在高頻的區域進行處理，才不易被察覺。*Haar*離散小波轉換相加的動作就是低頻的地方，相減的動作就是高頻的地方，處理的地方若是平滑處，相加動作會使得數值更大，但是相減會使得數值減少。相反地，若是處理的地方是邊緣、複雜處，會使得差值更大。

*Haar*離散小波轉換可以分成兩個步驟，第一步是水平分割，接著是垂直分割，我們利用圖形來說明，如圖3-16，每個英文字母都代表一個像素值，假設這張原始影像大小為4×4，如圖3-16(a)。第一步水平式的相加相減的動作，如圖3-16(b)所示。當計算完相加相減的動作後，利用圖3-16(b)再進行第二步的垂直分割，如圖3-17(b)所示。完成了一次水平分割與一次垂直分割就是做完了一次*Haar*離散小波轉換，又稱一階*Haar*離散小波轉換。此時，可以將影像區分成LL，HL，LH，HH，如圖3-18，這些區塊稱為頻帶。其中LL區這個頻帶是影像最重要的部分，因為LL區是將所有的像素值加總的結果。

A	B	C	D
E	F	G	H
I	J	K	L
M	N	O	P

(a)

A+B	C+D	A-B	C-D
E+F	G+H	E-F	G-H
I+J	K+L	I-J	K-L
M+N	O+P	M-N	O-P

(b)

> 圖3-16 第一步水平分割

A+B	C+D	A-B	C-D
E+F	G+H	E-F	G-H
I+J	K+L	I-J	K-L
M+N	O+P	M-N	O-P

(a)

(A+B)+ (E+F)	(C+D)+ (G+H)	(A-B)+ (E-F)	(C-D)+ (G-H)
(I+J)+ (M+N)	(K+L)+ (O+P)	(I-J)+ (M-N)	(K-L)+ (O-P)
(A+B)- (E+F)	(C+D)- (G+H)	(A-B)- (E-F)	(C-D)- (G-H)
(I+J)- (M+N)	(K+L)- (O+P)	(I-J)- (M-N)	(K-L)- (O-P)

(b)

▶ 圖3-17 第二步垂直分割

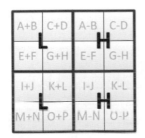

(a)

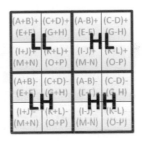

(b)

▶ 圖3-18 一階*Haar*離散小波轉換

上述為一階*Haar*離散小波轉換的過程，做完一階轉換後，還可以接著做二階轉換，如圖3-19，針對LL的部分，再次執行*Haar*離散小波轉換過程，如圖3-20，此時的低頻區LL3已經可以看出原始影像的大致輪廓。

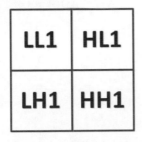

(a)

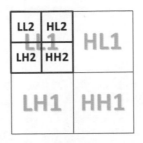

(b)

▶ 圖3-19 一階*Haar*離散小波轉換與二階*Haar*離散小波轉換的示意圖

(a)　　　　　　　　　　　　(b)

▶ 圖3-20 二階*Haar*離散小波轉換與三階*Haar*離散小波轉換的示意圖

範例 7

　　我們利用灰階影像Toys來實作*Haar*離散小波轉換，圖3-21(a)是灰階影像Toys，圖 3-21(b)是實作*Haar*離散小波轉換出來的結果，從LL3的區域放大來看，Toys的品質沒有很好，但是可以看出Toys原始輪廓影像，如圖3-22。

(a)　　　　　　　　　　　　(b)

▶ 圖3-21 灰階影像Toys實作*Haar*離散小波轉換

(a)

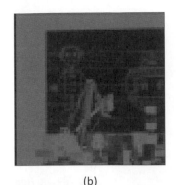
(b)

▶ 圖3-22 原始灰階影像Toys與經過*Haar*離散小波轉換後的LL3區塊

範例 8

　　介紹完*Haar*離散小波轉換後，舉個實際像素的例子來說明其計算過程。假設影像大小為4×4，如，其像素值為30，22，53，30，30，20，25，16，15，19，20，25，25，22，20，和15，如圖3-23(a)。根據*Haar*離散小波轉換的第一步水平分割，如圖3-23(b)，再根據*Haar*離散小波轉換進行第二步垂直分割，如圖3-23(c)，經過這兩次分割相加相減，已經完成一階的*Haar*離散小波轉換，二階*Haar*離散小波轉換過程跟一階相同，只是二階*Haar*離散小波轉換只處理LL區塊，其結果如圖3-23(d)。

30	22	53	30
30	20	25	16
15	19	20	25
25	22	20	15

(a)

52	83	8	23
50	41	10	9
34	45	-4	-5
47	35	3	5

(b)

102	124	18	32
81	80	-1	0
2	42	-2	14
-13	10	-7	-10

(c)

387	-21	18	32
65	-23	-1	0
2	42	-2	14
-13	10	-7	-10

(d)

圖3-23 *Haar*離散小波轉換實際像素值範例

3.4 結語

　　本章我們了解頻率域影像處理使用的技巧，利用空間域像素值轉換到頻率域，透過頻率域的係數來對影像加以處理，從DCT和DWT中，可以發現到頻率域影像處理將重要資訊轉換到影像區塊中的一小部分，或是可以利用係數的特性來進行影像壓縮處理，其壓縮概念將在第四章介紹。

問題與討論

1. 說明頻率域處理與空間域處理的差異性。
2. 撰寫程式來產生DCT二維基頻影像。
3. 利用一張影像，實作*Haar*離散小波轉換。
4. 說明影像的低頻、中頻與高頻的特色。

04

影像處理－壓縮域

隨著電腦科技的進步，電腦處理能力持續加速，人們也開始在乎網際網路的速度。影像透過網際網路傳遞的機會也大大增加，要如何讓影像傳送時間更快，更便利，是本章要探討的影像壓縮的重點，經過影像壓縮前置處理後，提升網際網路傳遞的速度。

隨著網際網路廣泛的應用，影像壓縮是最常見的影像處理方式之一，無論是部落格、Facebook(臉書)、Twitter、Instagram等網站，使用者想要分享上傳自己的影像時，網站都會將影像進行資料壓縮的處理，讓網頁閱讀的速度加快許多。要如何達到？本章介紹主要分成四大部分：資料壓縮簡介、無損式影像資料壓縮方式、有損式影像資料壓縮方式與影像壓縮之應用。

4.1 資料壓縮技術

在介紹影像資料壓縮方式前，先介紹傳統的資料壓縮方式，有利於增加讀者了解壓縮基本概念。資料壓縮中，最重要的概念就是將較常出現的資料，用較短的編碼來取代；較少出現的資料，用較長的編碼來表示。1839年，Samuel Morse發佈了的第一項發明 "莫爾斯" 碼，也稱摩斯密碼。利用長短音透過電報傳遞字母文字，Morse利用長短音設計出A到Z的不同表示法，如表4-1。不同字母利用不同的長短音來表示。Morse 注意到有些字母出現的頻率較高，就用較短的表示方式，如A，E，T。字母出現頻率較低的，如Q、Y，就用較長的表示方式。當我們要傳送I LOVE PEACE時，透過Morse code就可以用"・・・―・・―・・・・――・・―・・―・・―・・"來表示。接收者只要依序的利用表4-1來解出字母即可，這種壓縮方式相當的簡單，前提是雙方必須有相同的對應表，才能解壓縮相同的結果。

表4-1 Morse電碼表

A・—	K—・—	U・・—
B—・・・	L・—・・	V・・・—
C—・—・	M——	W・——
D—・・	N—・	X—・・—
E・	O———	Y—・——
F・・—・	P・——・	Z——・・
G——・	Q——・—	
H・・・・	R・—・	
I・・	S・・・	
J・————	T—	

範例 1

　　在傳統資料壓縮中，霍夫曼編碼(Huffman Coding)也是利用統計的方式，將常出現的字元用較短的編碼表示，利用上面的例子說明"I LOVE PEACE"總共有10個字母，其字母出現的機率為A=0.1，C=0.1，E=0.3，I=0.1，L=0.1，O=0.1，P=0.1，V=0.1。首先，從挑出兩個機率最小的字母來組合，如(A，C)=0.2，再從新的機率中繼續挑出兩個機率最小字母來組合(I，L)=0.2，直到組合剩下一個機率為1的時候，即為結束。如圖4-1，建出一顆樹，左側用0表示，右側用1表示，字母E被表示成00，字母I被表示成010，字母L被表示成0110，字母O被表示成0111，字母V被表示成100，字母P被表示成101，字母A被表示成110，字母C被表示成111。當我們要表示出ILOVEPEACE時，只要送出010 0110 0111 100 00 101 00 110 111 00即可表示。接收者只要有表4-2，就可以對照出傳送者所想要表達的字母。原本一個英文字母用ASCII表示需要8個bit來表示，但透過Huffman Coding來表示時，一個英文字母平均只需要2.9個bit表示即可(2.9=0.3×2+0.1×3+0.1×4+0.1×4+0.1×3+0.1×3+0.1×3+0.1×3)。ASCII和Huffman Coding兩種方式比較起來，總長度分別是80(8×10)和29(2.9×10)，可以感受到Huffman Coding的高壓縮率。

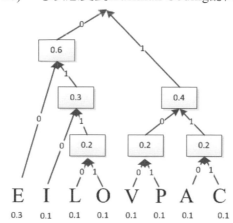

❥ 圖4-1 ILOVEPEACE的二進位Huffman Coding 樹

▶ 表4-2 ILOVEPEACE的字母集的Huffman碼

字母	機率	編碼字
E	0.3	00
I	0.1	010
L	0.1	0110
O	0.1	0111
V	0.1	100
P	0.1	101
A	0.1	110
C	0.1	111

另外一種常見的壓縮技術就是辭典技術，GIF和PNG壓縮方式都是基於辭典技術中的LZW(Lempel-Ziv-Welch)方式。

 範例 2

下列將介紹LZW辭典技術的編碼流程，我們利用一串序列作為輸入：

ABCCBDABCCBDABCCBDABCCBDAEEDAEEDAEE

由ABCDE五個字母所組成，初始LZW辭典如表4-3。

▶ 表4-3 初始LZW辭典簿

索引值	字母元素
1	D
2	B
3	C
4	E
5	A

根據序列，第一個字母為A，A有在辭典簿裡，用索引值5來編碼並且跟下一個字母B結合起來成新的元素AB，其索引值設為6，第一步結束。此時LZW辭典簿有六個元素，接下來序列第二個字母為B，B有在辭典簿裡，用索引值2來編碼並且跟下一個字母C結合起來成新的元素BC，其索引值設為7，第二步

結束。此時LZW辭典簿有七個元素，接下來序列第三個字母為C，C有在辭典簿裡，用索引值3來編碼並且跟下一個字母C結合起來成新的元素CC，其索引值設為8，第三步結束。此時LZW辭典簿有八個元素，接下來序列第四個字母為C，C有在辭典簿裡，用索引值3來編碼並且跟下一個字母B結合起來成新的元素CB，其索引值設為9，第四步結束。此時LZW辭典簿有九個元素，接下來序列第五個字母為B，B有在辭典簿裡，用索引值2來編碼並且跟下一個字母D結合起來成新的元素BD，其索引值設為10，第五步結束。此時LZW辭典簿有十個元素，接下來序列第六個字母為D，D有在辭典簿裡，用索引值1來編碼並且跟下一個字母A結合起來成新的元素DA，其索引值設為11，第六步結束。此時LZW辭典簿有十一個元素，接下來序列第七個字母為A，A有在辭典簿裡，跟下一個字母B結合起來AB也有在辭典簿裡，所以用索引值6來編碼，並在將下一個字母C組合成新的元素ABC，其索引值設為12，第十二步結束。此時LZW辭典簿有十二個元素，以此類推，將ABCCBDABCCBDABCCBDABCCBDAEEDAEEDAEE編碼的LZW辭典如表4-4，此時可將編碼輸出成序列5 2 3 3 2 1 6 8 10 12 9 11 7 16 5 4 4 11 21 23 4，原本35個字母，經過LZW辭典技術壓縮成21個十進制數字來表示。

當要解碼的時候，只要有初始的LZW辭典簿(表4-3)即可，序列依序解碼，並增加新的元素到編碼簿(增加方式如編碼)，就可以再將ABCCBDABCCBDABCCBDABCCBDAEEDAEEDAEE完整的還原。

▶ 表4-4 ABCCBDABCCBDABCCBDABCCBDAEEDAEEDAEE編碼的LZW辭典

索引值	元素	索引值	元素	索引值	元素	索引值	元素	索引值	元素
1	D	6	AB	11	DA	16	CBD	21	EE
2	B	7	BC	12	ABC	17	DAB	22	ED
3	C	8	CC	13	CCB	18	BCC	23	DAE
4	E	9	CB	14	BDA	19	CBDA	24	EED
5	A	10	BD	15	ABCC	20	AE	25	DAEE

4.2 資料壓縮－無損式

在了解傳統壓縮技術後，此小節將針對無損式影像資料壓縮技術作介紹。前三章中，提到影像的特性，周圍鄰近的像素值會是相同的或是很接近的，影像內容屬於一種漸進式的改變。下列將透過Run Length的方式來介紹影像壓縮技巧，介紹Run Length如何利用有限狀態機來壓縮影像。在1959年，J. Capon提出一種機率模型的Run Length壓縮方式應用在影像上。利用有限狀態機的概念來產生一連串的編碼，如圖4-2，在一般的黑白影像中，黑變黑與白變白的機率是遠遠高於黑變白與白變黑的機率，利用這種影像特性，搭配Run Length的編碼方式，可以成功的將影像進行壓縮。

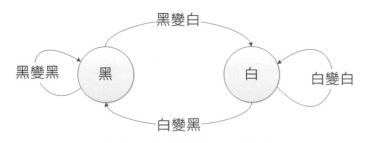

▶ 圖4-2 黑白影像的Capon模型

範例 3

我們利用16×16的ICCL黑白影像為例，如圖4-3，影像只有黑跟白，可以看成0與1，當影像發生變化時(黑變白，或是白變黑)，將之前連續的總數輸出，產生以下序列，35,4,2,4,7,3,1,5,7,2,2,2,9,2,2,2,2,1,6,4,1,5,5,4,3,2,40,4,1,3,7,2,4,3,7,2,1,2,1,3,1,1,5,5,1,5,7,2,2,1,1,2,3。序列的意思是為35個1，4個0，2個1，4個0，…，到最後的3個1，總共只需要57個數字即可表示一張16×16的黑白影像，相較於原始的16×16=256個數字，容量減少許多。在灰階或彩色的影像上，效果就沒有這麼明顯，因為黑白影像只有0跟1兩種變化而已，但8-bit灰階就有255種變化，其變化次數不計可數，更別說是彩色影像了。雖然Run Length的編碼方法，可以對於連續的黑白影像實行有效率的壓縮；但若是0101…間隔且重覆的黑白影像，使用Run Length的壓縮編碼法，則會產生111111…1的序列，其效率就變得更差了。

◆ 圖4-3 ICCL的黑白影像

在無損影像壓縮中，差分壓縮編碼(Differential Encoding)也是著名的壓縮方式之一。上述介紹的Run Length Coding需具有相同的像素值，才能達到其壓縮效果(如上述例子所示)，但接下來介紹的差分壓縮編碼是不需要具有相同的像素值，只要鄰近像素值非常接近即可達到其壓縮效果。

範例 4

我們利用簡單的例子，實作差分壓縮編碼，假設一序列灰階部分影像像素資料內容如下：

234, 220, 213, 200, 205, 199, 186, 200

差分壓縮編碼利用像素值與前一個像素值做相減的動作，並記錄差值即可，如下一序列所示：

234, -14, -7, -13, 5, -6, -13, 14

原本後7個像素值需要8 bit表示，經過差分壓縮編碼後，可以利用5 bit即可表示(由後7個數值決定，含正負號 -15~15)。

原始像素值 234, 220, 213, 200, 205, 199, 186, 200

差分壓縮編碼結果 234, -14, -7, -13, 5, -6, -13, 14

利用差值，也可以輕鬆的將原始資料做還原的動作，達到無損式的影像壓縮技術，像素值234減14可以得到像素值220，像素值220減7可以得到像素值213，像素值213減13可以得到像素值200，像素值200加5可以得到像素值205，像素值205減6可以得到像素值199，像素值199減13可以得到像素值186，像素值186加14可以得到像素值200，上述是簡單的差分壓縮編碼的流程，透過簡單計算即可達到影像壓縮技術。

4.3 資料壓縮－有損式

在這章節，將介紹兩種常見的有損式影像資料壓縮方式——LSB與VQ。

4.3.1 最不重要位元法(Least Significant Bit, LSB)

一張8 bit灰階影像中，每個像素值利用8個位元所組成(0~255)，最左邊為最重要的位元，最右邊是最不重要的位元，如圖4-4所示，一個像素值，忽略掉最右邊的位元時，也就是頂多差別正負1，但是忽略掉最左邊的位元時，就會有極大的差異了。假設像素值為255，若最右邊的位元被忽略掉，那也就是255跟254的差別而已，若最左邊的位元被忽略掉，就成了255與127，白色與灰色的差別了。這也就是LSB使用的技巧，讓最右邊的位元數，忽略掉，用7bit來表示一個像素值，其差異不大。

$$128 \quad 64 \quad 32 \quad 16 \quad 8 \quad 4 \quad 2 \quad 1$$

▶ 圖4-4 8 bit 灰階位元

範例 5

圖4-5所示，(a)為原始影像Lena，其大小為512×512的8-bit灰階影像，依序從最右邊的位元開始忽略，其結果如圖4-5(b)-(h)。當忽略到4bit的時候，在肩膀處可以明顯看出失真，在1~3bit的時候，其實肉眼上是看不出影像有所失真，也就是說，一張8-bit的灰階影像，可以用5 bit的像素值來表示即可，此時人類視覺系統還是看不出其差異性。

(a) 原始影像

(b)忽略最右邊一個bit的影像品質

(c) 忽略最右邊兩個bit的影像品質

(d) 忽略最右邊三個bit的影像品質

(e) 忽略最右邊四個bit的影像品質

(f) 忽略最右邊五個bit的影像品質

(g) 忽略最右邊六個bit的影像品質

(h) 忽略最右邊七個bit的影像品質

▶ 圖4-5 灰階影像Lena 不同LSB的結果

4.3.2　向量量化法(Vector Quantization, VQ)

　　1980年，Y. Linde, A. Buzo, and R. M. Gray三位學者提出向量量化編碼法，利用編碼簿來進行壓縮，其特性為高壓縮率，不同的編碼簿大小，其壓縮

率也有所不同，一般而言，編碼簿越小，壓縮率越好，當然影像品質上也會相對的降低。向量量化編碼是一種失真壓縮(Lossy Compression)，是利用人類視覺系統在可以接受容忍的範圍內，將影像進行失真壓縮的動作，提高壓縮率。假設影像大小為512×512，要進行VQ編碼時，首先將影像切割成4×4的不重疊區塊，每個區塊到編碼簿中尋找最接近的Codeword，並輸出其對應的Index。向量量化編碼主要分成三部分：

一、編碼簿設計(Design of Codebook)

在VQ編碼中，影像品質取決於編碼簿設計，設計出良好的編碼簿決定了VQ編碼後的影像品質。最具代表性，也最常廣泛使用的是在1980年由 Linde、Buzo與 Gray三位學者所提出的LBG演算法。LGB演算法是由一張或多張數位影像切割成若干個不重疊的影像區塊(Non-overlap Blocks)，從這些影像區塊中，挑選出一些具有代表性的影像區塊，而將這些具有代表性的影像區塊所組成的集合，稱為「編碼簿(Codebook)」；在編碼簿中的每一個具有代表性的影像區塊，稱為「編碼字(Codeword)」；每個Codeword有專屬對應的索引值(Index)。

將資料來源分割成一個一個向量，假設每一個向量皆由L個數值組成，我們就稱作L維度的編碼字。例如：一個4×4的影像區塊其維度為16維度。將分割的每一個編碼字一一比較，並找出最相近的編碼字，最後將最接近的編碼字的索引值當成量化結果輸出。一般來說，編碼字比較常見的計算方式是利用歐基里德距離(Square Euclidean Distance)，因為歐基里德距離的計算方式所找出來最接近的編碼字失真度較小，一直到編碼字和訓練的編碼字之間的誤差收斂到某種程度才停止。最後留下來的編碼字就是最能代表訓練編碼字特色的編碼字集合，也構成量化的編碼簿。LBG演算法如下所示：

1. 建構一個N個L維度的初始向量編碼字集合。其意為建構一個訓練向量編碼字集合，其中N為訓練編碼字的總個數。

2. 設定回合計數器n，並假設n等於平均距離D，且假設D等於0，選擇改善平均距離的門檻值。

3. 將所有訓練編碼字集合分類成N個集合，其中訓練編碼字即為該集合之重心。

4. 利用歐基里德計算訓練編碼字與編碼字之間的距離，使得編碼字距離與訓練編碼字距離為最小，若當編碼字與訓練編碼字之距離小於門檻值時，將停止演算法，否則繼續執行5.。

5. 對每一個類別的訓練編碼字累加後並求其平均值就會變成新的訓練編碼字，重複此動作將所有類別也用相同方式處理過得到新的訓練編碼字。

6. 跳到3.重複訓練動作，直到計算的平均距離小於門檻值時，將停止演算法。

　　由此可知，LBG演算法可以保證平均距離在每一回合訓練後都會減少，但是卻無法保證平均距離在經過幾回合後重心會收斂到最接近的距離。初始編碼簿的好壞是影響收斂與否的主要原因。目前一般計算初始計算編碼簿的方法都會選擇隨機法，因為從訓練編碼字集合中，隨機選取N個訓練編碼字來來當成編碼簿的初始編碼字。

　　我們就用一個簡單的例了來說明LBG演算法，如何來尋找最相近的編碼字來形成編碼簿。如圖4-6所示，首先假設我們將灰階影像先切割成16個大小相同的區塊(B)，分成兩個像素的區塊。其中$B_1 = (32, 32)$、$B_2 = (70, 40)$、$B_3 = (60, 32)$、$B_4 = (32, 50)$、$B_5 = (60, 120)$、$B_6 = (60, 50)$、$B_7 = (60, 150)$、$B_8 = (210, 200)$、$B_9 = (70, 140)$、$B_{10} = (200, 210)$、$B_{11} = (200, 32)$、$B_{12} = (225, 50)$、$B_{13} = (200, 40)$、$B_{14} = (200, 50)$、$B_{15} = (215, 50)$及$B_{16} = (215, 35)$，並且隨機挑選四個編碼字$C_1 = B_2$、$C_2 = B_5$、$C_3 = B_8$及$C_4 = B_{12}$。由圖4-6可以很容易確定初始劃分$Gc_1 = \{B_1, B_3, B_4, B_6\}$、$Gc_2 = \{B_7, B_9\}$、$Gc_3 = \{B_{10}\}$及$Gc_4 = \{B_{11}, B_{13}, B_{14}, B_{15}, B_{16}\}$。

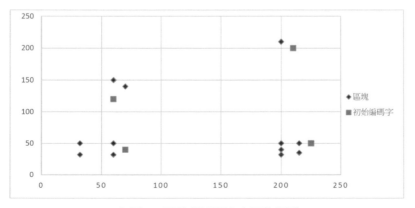

▶ 圖4-6 區塊與編碼字之間的距離

接下來，如圖4-7所示，我們利用歐基里德計算重心與編碼字之間的距離後再利用這一些距離計算出平均距離，其中計算出的每一個重心與編碼字的距離為 {1508, 164, 1554, 200, 900, 500, 200, 949, 725, 625, 100, 325}，由這一些重新計算出的平均距離為645。再來計算4個新的編碼向量，其中C_{N1} = $(B_1+B_3+B_4+B_6)/4$，C_{N2} = $(B_7+B_9)/2$，C_{N3} = B_{10}及C_{N4} = $(B_{11}+B_{13}+B_{14}+B_{15}+ B_{16})/5$。因此，可以知道得到新的編碼向量為$C_{N1}$ = (46, 41)，C_{N2} = (65, 145)，C_{N3} = (200, 210)及C_{N4} = (206, 41)。由圖4-7中我們可以發現新的編碼字(三角形)會更接近每一群的重心，使得編碼後的影像品質會有所提升。當平均距離低於門檻值且平均距離為最短時，即可停止訓練，產生出編碼簿。

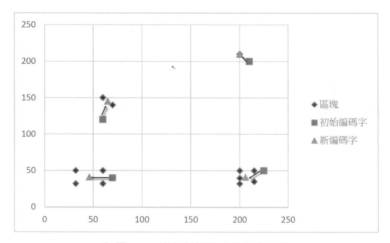

● 圖4-7 區塊與新編碼字之間的距離

接下來我們利用上述例子產生出最後的編碼簿，如圖4-8所示，一本Codebook大小長度為4(範圍為0~255)，每個Codeword有2個像素值(pixel)，每個Codeword有自己的Index來表示；如圖4-8灰底所示Index為2且Codeword有2個像素值為65與145。

	Pixel		
Index	1	2	
1	46	41	
2	65	145	Codeword
3	200	210	
4	206	41	

● 圖4-8 Codebook概念圖

二、向量量化編碼 (VQ Encoding)

VQ編碼，第一步驟是先將掩飾圖片(Cover Image) 切割成若干個$m \times m$不重疊的影像區塊(Non-overlap Blocks)，令$k = m \times m$，則u_1，u_2，$\cdots$，u_k代表區塊裡面的像素值；第二步驟，將每個區塊進行編碼的動作，每個區塊到編碼簿裡利用歐基里德距離公式如(1)所示，其中Codeword的維度也是$m \times m$，則v_1，v_2，$\cdots$，v_k代表Codeword裡面的像素值

$$d(u,v) = \sum_{j=1}^{k} (u_j - v_j)^2 \quad \text{...........................公式(1)}$$

計算區塊與每一個Codeword之間的距離，並找出最接近的Codeword，輸出Codeword的索引值(Index)到索引表(Index Table)中；如圖4-9所示，Cover Image是一張影像圖片Lena，先將Lena切割成若干個不重疊的影像區塊，每個區塊到Codebook裡找最接近的Codeword，並將索引值輸出到索引表中。假設第一個區塊到Codebook裡找到最接近的Codeword是在第三個Codeword，所以將索引值2輸出到索引表中，直到每個區塊都進行編碼完畢，VQ編碼才結束。利用圖4-10來解釋VQ編碼如何從編碼簿中，尋找最接近的索引值。

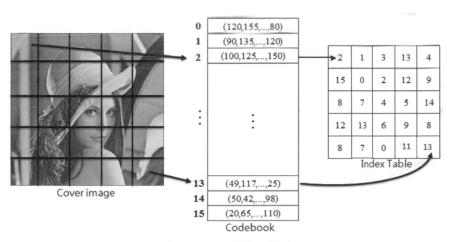

▶ 圖4-9 VQ編碼流程圖

210	220
190	205

影像區塊1

10	20
15	10

影像區塊2

0	100, 120, 160, 90
1	50, 35, 20, 10
2	10, 20, 22, 18
3	89, 79, 46, 90
4	180, 220, 230, 200
5	130, 135, 125, 200
6	69, 70, 75, 60
7	30, 40, 45, 42

編碼簿

圖4-10 影像區塊與編碼簿

範例 6

假設兩個區塊分別為影像區塊1與影像區塊2，其大小為2×2，編碼簿共有8個索引值，每個索引值中，分別有4個像素值，也就是影像區塊的大小。影像區塊1的像素值分別為210，220，190和205，這四個像素值分別跟每個Codeword去計算距離，如公式(1)所示。影像區塊1與索引值0的計算結果*d*為34125，計算方式如下：

$$d = (210\text{-}110)^2 + (220\text{-}120)^2 + (190\text{-}160)^2 + (205\text{-}90)^2$$

以此類推，可以計算出區塊影像1跟每個索引值的距離為，跟索引值1的距離為126750，跟索引值2的距離為143193，跟索引值3的距離為68483，跟索引值4的距離為2725，跟索引值5的距離為17875，跟索引值6的距離為76631，跟索引值7的距離為112394，所以跟影像區塊1最接近的索引值為4。再利用影像區塊2來說明，影像區塊2的像素為10，20，15，和10，利用公式(1)，分別跟每個Codeword計算距離，跟索引值0的距離為47425，跟索引值1的距離為1850，跟索引值2的距離為113，跟索引值3的距離為17083，跟索引值4的距離為159225，跟索引值5的距離為75825，跟索引值6的距離為12081，跟索引值7的距離為2724，可以看出，索引值2跟影像區塊2是最接近的，所以使用索引值2的像素來取代影像區塊2的像素。

影像壓縮率取決於編碼簿大小，若編碼簿大小為16，表示只需要4 bit即可表示16個像素值，若編碼簿大小為128，表示只需要7 bit即可表示16個像素值，若編碼簿大小為256，表示只需要8 bit即可表示16個像素值，以此類推。

三、向量量化解碼 (VQ Decoding)

相較於VQ Encoding，VQ Decoding速度相對的快上許多。VQ Decoding只要將Index Table裡的Index，透過Codebook裡面的Codeword來還原，填滿整張圖，即可解碼完畢。如圖4-11所示，Index Table第一個Index是2，從Index Table裡面找到Index 2，並將其Codeword輸出還原到影像，直到Index Table裡的每一個Index還原即可。

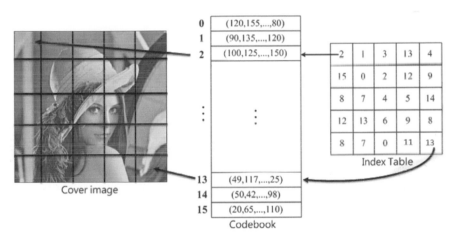

▶ 圖4-11 VQ解碼流程圖

在不同的編碼簿下，VQ編碼後的結果會是不相同的，當編碼簿大小越大，其影像品質相對提升，如圖4-12所示，當編碼簿大小為1024時，其影像很接近(a)原始影像，但每個區塊的搜尋範圍增大導致VQ編碼時間較久。

(a) 原始影像

(b) 編碼簿大小128

(c) 編碼簿大小256

(d) 編碼簿大小512

(e) 編碼簿大小1024

▶ 圖4-12 灰階影像Gold Hill在不同編碼簿下的VQ影像

4.4 結語

　　在壓縮域影像處理中，分成兩種類型：有損與無損，並針對不同的效果使用不同的壓縮方式。許多影像處理方式，如JPEG、GIF、DWT、DCT等，到最後都是為了讓影像具有高壓縮率，讓影像傳輸時，時間上更加的迅速。在這個章節中，讓讀者了解到傳統的壓縮技術與影像上的壓縮技巧，及不同的壓縮技術具有不同的功能取向。

問題與討論

1. 實作LZW 編碼與解碼，內容為LOVEPEACELOVEPEACELOVEPEACEILO VFPEACEILOVE。
2. 設計一張黑白影像，並實作 Run Length，計算出其壓縮率。
3. 利用任一程式語言撰寫Vector Quantization Encoding 和 Decoding。
4. 比較編碼簿長度不同時，VQ編碼與解碼的時間速度與影像品質。
5. 利用任一程式語言撰寫 3-bit LSB，並計算其壓縮率。

NOTE

05

Matlab影像處理
軟體應用

數位化影像在日常生活中不計其數，每一張數位影像都有自己存在的
價值，團體照片可以回憶朋友之間的感情；掃描文字影像可以不用于
抄文稿；超速罰單影像可以警惕自己下次不要超速…。但在這麼多影
像中，各有各的應用，在不同的應用上，就需要不同的影像處理方式
來調整影像，讓影像更能表現出特有的風格，在這個章節中，將介紹
一些常用的影像處理方式。

根據數位影像的用途，運用不同的影像處理方式，讓數位影像表現出使用者想要的特定結果。這個章節，將透過Matlab軟體，來介紹影像處理方式。

5.1 Matlab簡介

前幾個章節中，說明空間域、頻率域與壓縮域的影像處理技術，但要如何將這些影像處理技巧輕鬆的應用到數位影像中，就必須透過一些軟體來實作。常見的影像處理軟體不外乎Photoshop、Photoimpact、Illustrator，透過軟體介面可以輕鬆地實作影像處理，而比較進階，也比較專業的就屬於程式軟體，例如：C語言、JAVA、Matlab都是可以利用來實作影像處理的程式軟體，像是修改像素值，設定參數等。其中Matlab更適合處理數位影像，它具備了多種影像處理函式(function)，可以供讀者直接使用。MathWorks公司有提供Matlab試用版下載，透過http://www.mathworks.com/products/matlab/tryit.html網址，註冊後即可下載。本章我們也將利用Matlab軟體來實作多種影像處理方式，讓讀者了解透過程式軟體處理數位影像並不困難，反而更能調整出符合自己需要的影像結果呢。

圖5-1為Matlab操作介面(MATLAB R2014a)，介面主要分成三大部分，指令區、變數區，與歷史指令區。使用者將程式輸入到指令區後，若有需要用到儲存空間，如變數、陣列等，將會在變數區出現，如圖5-2所示，在指令區輸入一個變數a=8和陣列b=1,2,3,4,5，變數區會顯示這兩個變數，以及變數的內容、最大值、最小值、範圍、與大小。這些資訊對於影像處理有很大的幫助，可以讓使用者迅速了解圖片的最大值與最小值等資訊，以利後續的影像處理動作。

❯ 圖5-1　Matlab R2014a操作介面

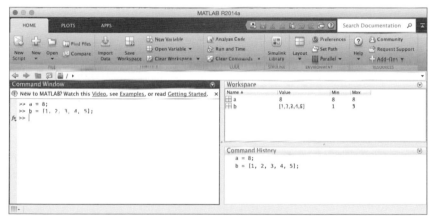

❯ 圖5-2　Matlab 介面說明

5.2　空間域

　　本節將透過Matlab來處理空間域影像處理技術，如模糊化、銳利化。模糊化的功能是將影像模糊化或是減少降低雜訊，透過模糊化來達到去除影像中不必要的較小細節，並可以將影像中線段或曲線間的斷層修補，使得影像看起來較為圓滑。銳利化的功能主要是將影像銳利或是增強對比度，可以突顯出影像的細微邊緣處。

　　Matlab處理影像濾波時，主要步驟是先將濾波設定好後，再跟原始影像進行處理。不同的內建函式、參數、設定格式都可以在官方的說明網站http://www.mathworks.com/help/toolbox/images/ref/fspecial.html中查詢。首先利用下列式子，設定濾波：

$$h = \text{fspecial(type, parameters)}$$

　　這樣子就將我們要使用的濾波設定成h這一個變數中，其中type類型可參考網站，這節將介紹兩種濾波，分別是模糊化濾波中的 Gaussian lowpass filter 與加強邊緣濾波中的Prewitt horizontal edge-emphasizing filter。這兩個濾波屬於較常見濾波，當要跟影像結合時，再使用下列式子，即可產生經過濾波處理後的影像。

$$\text{result} = \text{imfilter(original image, } h)$$

範例 ❶ Gaussian lowpass filter

　　Gaussian lowpass filter 影像處理，是一種模糊的影像處理技術，我們利用一張灰階影像「Girl」來實作Gaussian lowpass filter：

step 1　先將影像讀入>> original = imread('girl.tif');

step 2　製作濾波>> filter = fspecial('gaussian');

step 3　將影像進行濾波處理>> result = imfilter(original,filter);

step 4　顯示出影像>> figure, imshow(result);

　　圖5-3(a)為原始影像「Girl」與圖5-3(b)經過Gaussian lowpass filter處理的影像，當Step 2沒有設定其他參數時，皆為預設，矩陣大小為3×3，sigma參數值為 0.5。在圖5-3中，看不出模糊效果，此時可以將矩陣大小做些調整或是sigma參數做些調整，讓模糊效果達到使用者的目標。圖5-4(a)的濾波為 filter = fspecial('gaussian',[5 5], 0.5)，我們將矩陣大小設為5×5，sigma參數還是一樣0.5，模糊程度上看不出其效果，接著我們將sigma參數設為100，filter = fspecial('gaussian',[5 5], 100)，如圖5-4(b)所示，其模糊效果就較為明顯。當我們了解參數設定對於影像差別時，我們就可以調整到我們想要的處理程度。

(a)原始影像　　　　　　　　　　(b)經過Gaussian lowpass filter處理的影像

▶ 圖5-3　影像Girl實作Gaussian lowpass filter的效果

(a)sigma參數0.5　　　　　　　　　(b)sigma參數100

▶ 圖5-4　經過Gaussian lowpass filter處理的影像，矩陣大小5×5

範例 ② Prewitt horizontal edge-emphasizing filter

Prewitt horizontal edge-emphasizing filter 影像處理，是一種邊緣加強的影像處理技術，我們利用一張邊緣較多的灰階影像「Barbara」來實作Prewitt horizontal edge-emphasizing filter：

step 1　先將影像讀入>>original = imread('barbara.tif');

step 2　製作濾波>>filter = fspecial('prewitt');

step 3　將影像進行濾波處理>>result = imfilter(original,filter);

step 4　顯示出影像>>figure, imshow(result);

圖5-5為(a)原始影像「Barbara」與經過(b)Prewitt horizontal edge-emphasizing fil-ter處裡的影像，Prewitt edge-emphasizing filter 處理時，會有一個矩陣，這個矩陣影響偵測邊緣的結果，其預設為

$$
\begin{bmatrix}
1 & 1 & 1 \\
0 & 0 & 0 \\
-1 & -1 & -1
\end{bmatrix}
$$

可以看出其矩陣濾波水平值都是一樣的，這個矩陣主要就是偵測水平的邊緣。當我們將矩陣設定成

$$
\begin{bmatrix}
1 & 0 & -1 \\
1 & 0 & -1 \\
1 & 0 & -1
\end{bmatrix}
$$

其矩陣濾波垂直值都是一樣的，也就是說，此矩陣主要偵測垂直的邊緣。利用此矩陣，將影像進行濾波處理，其結果為圖5-6，跟圖5-5(b)比較，「Barbara」影像左上方的櫃子中，有躺平放的書本，也有站立放的書本，其邊緣也就是水平跟垂直的效果，在圖5-5(b)中，可以看出躺平放的書本的邊緣有被強調出來，但是站立的書本，其邊緣沒有特別強調出來。在圖5-6中，顛倒了，垂直邊緣被特別強調出來了，這也就是參數矩陣的作用，使用者想要特別強調的角度、細節、方向，皆可以透過參數矩陣的設定來加以調整，讓處理過後的影像，能更貼近使用者當初想要呈現的結果。

(a)原始影像

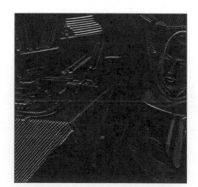
(b)經過 prewitt filter處理的影像

▶ 圖5-5 影像Barbara實作Prewitt horizontal edge-emphasizing filter的效果

▶ 圖5-6 修改Prewitt edge-emphasizing filter矩陣參數的影像結果

5.3 頻率域

本節透過Matlab來處理頻率域影像處理技術，Matlab內建的函式中，具有許多利用在影像上，訊號上處理的函式，像是dct、idct、dct2、idct2，分別是一維跟二維的DCT轉換。但是，如果欲使用的頻率域影像處理技術，沒有在內建函式裡面的話，使用者也可以自行撰寫函式，並存成.M檔，供下次使用或是分享到Matlab討論區與大家分享，當然，也可以到討論區下載別人寫好的.M檔來使用。這小節還是以內建的函式來做說明，分別介紹本書頻率域影像處理中提到的用於二維陣列的dct2、idct2。

範例 3 DCT2、IDCT2

在DCT2的介紹裡，使用原始影像為「Peppers」當作範本，圖5-7所示，(a)為原始影像「Peppers」，(b)為DCT處理後的資訊。可以看出DCT將「Peppers」內的重要資訊都存放在最左上角的範圍內，使用者再透過IDCT即可將「Peppers」成功的還原到原始影像。在上一章壓縮域中有提到，若資訊為一連串相同的值，或是鄰近像素值非常類似，可以達到更好的壓縮率，從圖5-7(b)可以看出，幾乎都是黑色的像素值，在壓縮上會有相當好的壓縮率。利用Matlab實作步驟如下：

step 1 先將影像讀入>> original = imread('peppers.tif');

^{step} 2　　製作DCT結果>> DCTa=dct2(original);

^{step} 3　　顯示出影像>> figure, imshow(DCTa/255);

　　當要還原到原始影像「Peppers」時，如圖5-7(c)，只需要實作下列步驟：

^{step} 1　　將DCTa透過IDCT還原 re_original = idct2(DCTa/255);

^{step} 2　　顯示經IDCT還原後的影像 figure,imshow(re_original);

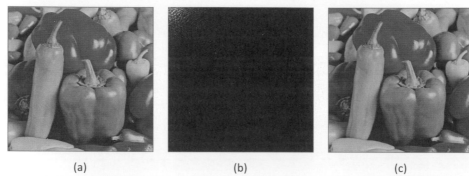

(a)　　　　　　　　　　　(b)　　　　　　　　　　　(c)

▶ 圖5-7 灰階影像「Peppers」經DCT2轉換後的結果，與IDCT2還原後的影像

　　在DCT轉換過程中，不同的影像，轉換出來的DCT資訊也不同，但是資訊都集中在左上角的概念是不變的，圖5-8總共有六張經過DCT處理後的灰階影像資訊，你能猜出哪張是圖5-7的「Peppers」經過DCT處裡的資訊嗎？每一張灰階影像經過DCT處理後的資訊都很類似，(a)為「Lena」，(b)為「Baboon」，(c)為「Airplane」，(d)為圖5-7的「Peppers」，(e)為「Toys」，(f)為「Girl」。

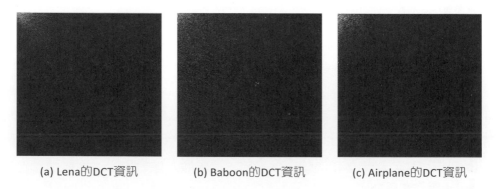

(a) Lena的DCT資訊　　　　　(b) Baboon的DCT資訊　　　　　(c) Airplane的DCT資訊

(d) Peppers的DCT資訊　　　(e) Toys的DCT資訊　　　(f) Girl的DCT資訊

◆ 圖5-8 不同灰階影像所產生出的DCT資訊

5.4 常見影像處理技術

其他影像處理技術中，將提到兩種影像調整常用到的技術——放大/縮小(Resize)與旋轉(Rotation)。

範例 4 Resize

在放大縮小的技術中，提供了三種內插法來改變影像大小：nearest、bilinear和bicubic。我們利用nearest來實作放大與縮小的技術如下列步驟：

step 1　original = imread('tiffany.tif');

step 2　resize_original = imresize(original,2, 'nearest');

step 3　figure,imshow(resize_original);

其步驟非常簡單，即可輕易的將影像放大兩倍，若要將原始影像縮小一半，只需要將步驟2修改成

resize_original = imresize(original,0.5, 'nearest');

即可。圖5-9為分別將原始影像「Tiffany」進行放大與縮小的影像調整，圖5-9(a)為原始影像，(b)為縮小一半的影像，(c)為放大一倍的影像。

(a) 原始影像　　　　　　　　　　　　　(b) 縮小1/2倍

(c) 放大2倍

❱ 圖5-9　原始影像「Tiffany」進行放大與縮小的影像調整

範例 5　**Rotation**

　　許多攝影者，在拍攝照片當下，可能忽略到構圖中的水平，這時候就需要後續處理來做調整水平的動作，最簡單的就是將影像進行旋轉的動作，讓整張照片有一個立足的水平點。在這邊將利用Matlab來進行旋轉的動作，跟放大縮小一樣提供了三種內插法來改變影像：nearest、bilinear和bicubic，其步驟如下：

^{step} 1　　original = imread('toys.tif');

^{step} 2　　rotation_original = imrotate (original,30, 'nearest');

^{step} 3　　figure,imshow(rotation_original);

 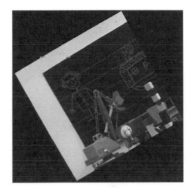

(a) 原始影像　　　　　　　　　　　(b) 旋轉30度

◆ 圖5 9 灰階影像「Toys」與經過旋轉30度後的影像

5.5 結語

　　在影像處理中，常用的影像調整方式，看似簡單容易，但實際利用程式軟體還是需要對影像有些許知識，從第一章開始到第四章都在說明數位影像的不同領域與基本概念，有了這些概念，第五章相對一到四章容易許多。本章節透過Matlab程式軟體，來實作影像處理，Matlab內建許多函式可以供影像調整處理使用，使用上相當的方便。從簡單的操作來更了解影像處理的技巧，是本章透過Matlab來介紹的目的。

問題與討論

1. 拍一張數位影像照片，照片內容有車牌，透過Matlab來將車牌的文字突顯出來。

2. 利用Matlab實作DWT影像處理。

3. 將一張團體照片，進行模糊化，在進行銳利化，並說明其結果。

4. 利用掃描機掃描一張文字手稿，利用邊緣加強處理方式，使得文字更加清晰。

5. 透過程式軟體，將影像放大3倍，並比較不同內插法的結果。

06

多媒體視覺系統

導讀

隨著網際網路的普及與網路科技的蓬勃發展，且網路應用的功能愈來愈多樣化的同時，如何建立一套完善的影像視覺機制，來保護在網路上所傳輸的各項安全性資料已成為現階段最重要的課題。但目前各式各樣的機制如：密碼學、電子簽章、數位浮水印等，皆存在著某些缺點，例如：複雜的運算成本、管理技術等。因此，為了解決這些缺點，因此發展出以視覺安全技術來解讀資料。影像視覺利用了人類視覺系統並且不需要複雜的計算成本即可解讀資料。本章將針對影像處理之黑白影像、灰階影像、彩色影像視覺作說明，並分析視覺系統運作機制及其理論基礎，最後再介紹現今實際應用實例及分析未來影像視覺之發展趨勢。

隨著網際網路的技術逐漸成熟，提供了多樣化的網際網路應用給予大眾，諸如：網路銀行、線上交易平台、即時通訊等；使得大眾生活愈來愈離不開電腦，然而在網路上的虛擬世界與現實生活的相互連結需要建立在安全性及隱私性的基礎上，而為達成這些目的也產生了許多有關這方面的議題，如：密碼學、鑑定機制、電子簽章等各式各樣的安全機制。但目前常被廣泛使用的安全機制，大都存在著複雜的計算成本、密碼管理等問題，因此透過影像處理中視覺系統安全的概念，進而達成降低電腦運算與密碼管理成本等優勢。

6.1 視覺安全系統

視覺安全是藉由人類的視覺系統來解讀訊息，一般而言，視覺安全應用在顯示機密訊息或圖片上。在概念上，所謂視覺安全，泛指利用視覺系統達到各種具備安全性的原則，並利用視覺化密碼、視覺化密碼編碼法、視覺秘密分享等技術，進行鑑定或秘密訊息交換。

視覺安全的原理主要是依據人類視覺系統對於辨識不同色差、圖形符號的影像，經由腦部邏輯運作，而賦予影像意義為基礎。例如：檢測色盲的卡片，即是以人眼視覺從數種不同色彩的雜點中，進而判斷出所包含的訊息。

視覺安全是由Naor和Shamir在西元1994年提出的概念，透過已經設計好的模型，在加密階段時，將原始機密分散成數張雜亂無章的分享影像；在解密階段時，只需疊合一定數量的分享影像，且不需要任何大量複雜的數學運算，只要透過人類的視覺系統，即可解讀原始機密的作法。而這種方式不但不需具備任何傳統密碼學的專業知識，即具有視覺化、操作簡易、高度保密等優點。雖然視覺安全具有多種優勢，但在實際應用上仍需克服某些缺點，例如：影像儲存成本增加、影像對比的下降及影像的清晰度等問題。以下將針對黑白影像、灰階影像、彩色影像視覺安全作說明，並解說視覺安全運作機制及其理論基礎，最後再介紹視覺安全實際應用。

6.1.1 基礎黑白視覺

　　單一影像(即是黑白影像)，是最早被運用在視覺安全技術中，且該影像也是最簡單和最基礎的影像種類。一般而言，影像是由多個像素(Pixel)所構成，且每一個像素僅存在兩種可能，不是黑就是白。而在西元1994年Naor與Shamir首先提出植基於黑白影像之視覺密碼技術，而此一技術，為達到秘密分享之目的，而將機密影像中的每一個像素進行擴張成若干個子像素(Sub Pixel)，此方式即稱為像素擴張(Pixel Expansion)。秘密影像(Secret Image)則將每一像素擴張成1×2的區塊，依據原秘密影像圖(Cover Image)的像素值為黑色或白色，來決定擴張後的像素區塊為黑色或白色。舉例而言，若原祕密影像圖的像素值是黑色，所分解出來的分享圖疊合則要是二個黑點像素區塊；反之，若原祕密影像圖的像素值是白色，所分解出來的分享圖疊合則要是形成一黑一白像素區塊。藉由這種方式所產生的疊合圖，將因人類視覺系統對於色差反應，進而解讀出原機密影像之訊息，然而，單從各分享圖來看，卻是雜亂無意義的影像。

　　Naor與Shamir的視覺安全基本概念如圖6-1所示，假設機密影像上存有秘密訊息 "ICCL2012"，依據前段所述參照原機密影像之像素值為黑色或白色，則產生可能之像素組合如圖6-2所示，並再以隨機選取像素組合的方式來產生分享圖，從圖6-1的分享圖結果可發現，原先之秘密訊息已完全不存在，且又因像素組合為隨機產生，單就任何一張分享圖而言，無論如何分析均無法取得原先之機密訊息，但經由分享圖疊合後，卻可以人類的視覺系統辨識出原秘密影像的訊息，而其所呈現的效果將使秘密影像有拉長的視覺效果，形成不等比例之擴張。

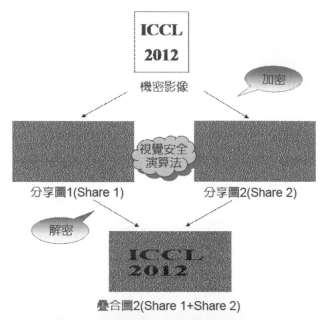

ICCL
2012
機密影像

加密

視覺安全
演算法

分享圖1(Share 1)　　　　　分享圖2(Share 2)

解密

ICCL
2012

疊合圖2(Share 1+Share 2)

▶ 圖6-1　Naor與Shamir的視覺系統安全基本概念

機密影像的像素		分享圖1	分享圖2	分享圖1+2疊合之結果
黑色	■	◼◻	◻◼	◼◼
		◻◼	◼◻	◼◼
白色	☐	◻◼	◻◼	◻◼
		◼◻	◼◻	◼◻

▶ 圖6-2　像素擴張黑白視覺密碼可能的像素組合範例

6.1.2　灰階視覺

　　在前一小節介紹如何在黑白影像上實現視覺安全，而實際上影像種類不單只是黑與白一種形態。因此，提出了在灰階影像上實現視覺安全的機制。灰階影像和黑白影像不同之處在於黑白影像中每個像素值非黑即白，而灰階影像中每個像素值則為0到255，而0到255表示不同的明暗程度，因此會產生漸層的效果。而為了將黑白視覺安全應用在灰階影像上，將利用半色調(Halftone)技術，把灰階圖轉換成黑白的影像，但是還是感覺的出來其灰階圖原本的明暗感。

　　在數位影像上，可以利用調整像素所發出的光的強度來產生色階的效果，但是一般的點陣式或噴墨式列印設備，只能控制其像素要印或不要印，而無法對明暗度進行調整，所以才會發展出半色調的技術。而半色調技術，主要是利用人類視覺系統存有對於影像色差的低頻濾波器的特性，利用網點(黑點)的疏密程度來表示影像的色階，如明亮的部份則利用較稀疏的網點，反之，較暗的部份則使用較密集的網點，因此，採用不同疏、密程度區塊的網點，可表現出原本所要表示出的灰階效果，如圖6-3所示，藉此來達成將灰階影像轉換成二位元影像的目的。

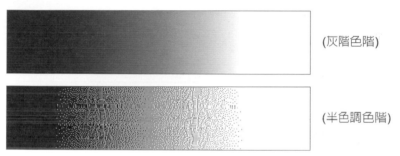

(灰階色階)

(半色調色階)

▶ 圖6-3 灰階影像和半色調處理影像比較色階圖

　　為了模擬出接近灰階影像的明暗效果，也產生了決定如何分配網點的各式半色調技術，常見的半色調技術半色調法種類有很多，若是依濾鏡和影像比對的方式不同可分成以下二類：

(1) 點陣式比對方式：此種方式的半色調技術是以比對遮罩的各像素點的門檻值依其原理方法各異的半色調演算法而產生。接著，再將遮罩與原始影像作點對點的像素點比對方式，比對門檻值來決定輸出的結果。屬於這個分類的方式有定階量化法(Fixed-level Quantization)、增添雜訊法(Add Noise)及藍雜訊遮罩(Blue Noise Mask)等。

(2) 區塊比對方式：相較於點對點的點陣比對，此方式將連續性的原始灰階影像分割成數個小區塊，接著設計一個大小與小區塊相同的門檻值遮罩，然後以此遮罩對小區塊內的原始灰階數值作比對與處理，以產生半色調影像，屬於這個方式的半色調處理方式有叢聚式抖動法(Clustered Dithering)、分散式抖動法(Dispersed Dithering)、誤差擴散法(Error Diffusion)等。

　　上述點陣式比對方式與區塊比對方式之半色調技術皆各有其優劣之處，而以下將介紹另一種誤差擴散法之半色調技術，此方法的基本運作流程如圖6-4所示。1976年有學者提出了Floyd-Steinberg Error Filter誤差擴散法 (Error Diffusion)，Floyd-Steinberg Error Filter與一般的誤差擴散法不太一樣，而是將每一個像素值進行量化後，再將量化誤差值(Quantization Error)分配或擴散到鄰近的像素值，其對誤差擴散至鄰近像素點所產生流程如下：

step 1 假設有一張灰階影像圖6-6(a)，並取灰階像素之中間值128做為門檻值，首先選取原圖最左上角的像素值來轉換，若比門檻值大則將原始像素值更改為255(白色)，若比門檻值小則將原始像素更改為0(黑色)。

step 2 利用圖6-5之矩陣為規則來修改鄰近的像素值，其中圖中的"X"為Step1所處理的像素值。

step 3 由最左上角的像素處理完後換至下一個像素處理，依照Step 1和Step 2的方式，式將整張影像處理完畢，即可得到半色調的影像，其實驗結果如圖6-6(b) 所示。

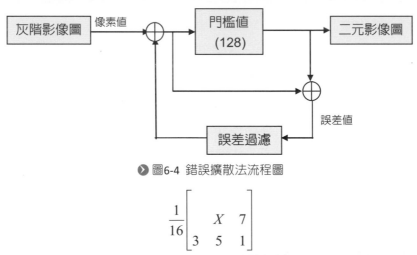

▶ 圖6-4 錯誤擴散法流程圖

$$\frac{1}{16}\begin{bmatrix} & X & 7 \\ 3 & 5 & 1 \end{bmatrix}$$

▶ 圖6-5 Floyd-Steinberg誤差擴散矩陣。

(a) 灰階影像　　　　　　　　　　　(b) 半色調影像

▶ 圖6-6 使用誤差擴散法：(a)原始灰階圖; (b) Floyd-Steinberg Error Filter

範例 1

　　假設有一個灰階影像其像素值矩陣如圖6-7(a)所示。首先，判斷左上角的像素值X是否大於門檻值$T=128$ (依據Step 1)，因為X=160 > $T=128$，所以X必須更改為255，結果如圖6-7(b)所示，接著以X為基準點，由右至左、由上至下依序處理其他鄰近的像素值(依據Step 2)，其計算方法如下：

　　右邊：像素值120修改為$120+(7/16)\times(160-255)=78$。

　　左下：本值沒有左下角的像素。

　　下邊：像素值90修改為$90+(5/16)\times(160-255)=60$。

　　右下：像素值100修改為$100+(1/16)\times(160-255)=94$。

　　其結果如圖6-7(c)所示。接著，我們再處理下一個像素值78，即X=78。首先，依據Step 1，我們可知道X<128，所以X必須更改為0，其結果如圖6-7(d)所示，再以X為基準點，由右至左、由上至下依序處理其他鄰近的像素值(依據Step 2)，其計算方法如下：

　　右邊：像素值80修改為$80+(7/16)\times(78-0)=114$。

　　左下：像素值60修改為$60+(3/16)\times(78-0)=75$。

　　下邊：像素值94修改為$94+(5/16)\times(78-0)=118$。

　　右下：像素值150修改為$150+(1/16)\times(78-0)=155$。

依此方式將所有的像素皆處理完畢後，即可得到半色調的矩陣，即矩陣內的數值為0或255。

$$\begin{bmatrix} \boxed{160} & 120 & 80 \\ 90 & 100 & 150 \\ 180 & 80 & 70 \end{bmatrix} \xrightarrow{T>128} \begin{bmatrix} \boxed{255} & 120 & 80 \\ 90 & 100 & 150 \\ 180 & 80 & 70 \end{bmatrix} \longrightarrow \begin{bmatrix} 255 & \boxed{78} & 80 \\ 60 & 94 & 150 \\ 180 & 80 & 70 \end{bmatrix} \xrightarrow{T<128} \begin{bmatrix} 255 & \boxed{0} & 80 \\ 60 & 94 & 150 \\ 180 & 80 & 70 \end{bmatrix}$$

(a)   (b)   (c)   (d)

▶ 圖6-7 Floyd-Steinberg矩陣誤差擴散法的範例

6.1.3 彩色視覺

在日常生活中，彩色影像的使用比率大於黑白與灰階影像，而在本節將介紹另一種影像類型－"彩色影像"。而彩色影像的原理是將三種原色進行疊合，並依疊合的組合不同來產生其他種類的色彩，而由三原色所形成的色彩模型可分成RGB(Red、Green、Blue)與CMYK(Cyan、Magenta、Yellow、Black)兩種，前者為光源三原色可透過疊合與調整亮度強弱來產生各種顏色，主要用於數位影像，而後者顏料三原色則用於印刷技術上。有關兩種三原色模型，如圖6-8、圖6-9所示。(註：RGB(Red、Green、Blue)與CMYK(Cyan、Magenta、Yellow、Black)兩種三原色模型之相關性，請參考第一章：數位影像簡介。)

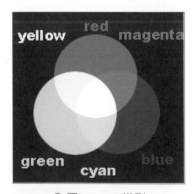

▶ 圖6-8 RGB模型

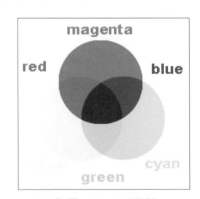

▶ 圖6-9 CMYK模型

若從數位影像的原理來看，彩色影像可視為灰階影像的延伸，我們可以將彩色影像分成RGB三層個別色層，也就是說在彩色影像中，由不同亮度的三種原色來形成一個像素值。因此，彩色視覺安全一樣可以採取像素組合的方式，

來達成視覺安全的目的。在此介紹其中的一種方法。它是將一張機密的彩色影像分解成R、G、B三個影像色層，然後利用半色調技術將這三個影像色層分別處理成三個半色調影像色層，再以圖6-10之像素組合將三個影像擴張成2×2的影像後，分別形成兩張分享圖，接下來只要將這兩張分享圖疊合之後，就可以得到原本的彩色機密影像。

原始圖	分享圖1	分享圖2	疊合圖	C、M、Y值
□ (White)				(0，0，0)
□ (Cyan)				(1，0，0)
□ (Magenta)				(0，1，0)
□ (Yellow)				(0，0，1)
■ (Blue)				(1，1，0)
■ (Red)				(0，1，1)
■ (Green)				(1，0，1)
■ (Black)				(1，1，1)

➤ 圖6-10 彩色視覺安全影像組合

有關彩色影像視覺安全之方法如圖6-11所示，步驟如下所述：

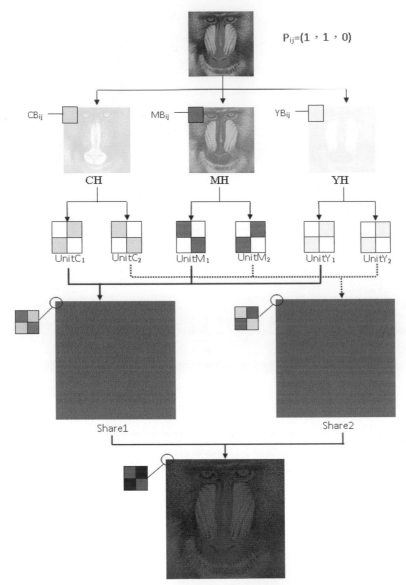

圖6-11 彩色影像視覺安全的流程

step 1　首先將彩色原圖轉換為三張分色影像，分別為C、M、Y。

step 2　將C、M、Y三張分色影像用半色調技術處理，得到CH、MH、YH三張分色半色調影像。

step 3　接下來分別對CH、MH、YH三張分色半色調影像做以下處理：

① CB$_{ij}$、MB$_{ij}$、YB$_{ij}$分別代表CH、MH、YH三張影像中的像素，並且依圖6-10定義，將每個像素分別擴展出2×2的區塊UnitC$_1$、UnitC$_2$，UnitM$_1$、UnitM$_2$及UnitY$_1$、UnitY$_2$。

② 將區塊UnitC$_1$、UnitM$_1$及UnitY$_1$組合，並且將其擺入對應於P$_{ij}$位置的Share1區塊中。

③ 另外將區塊UnitC$_2$、UnitM$_2$及UnitY$_2$的組合區塊填入對應於Pij的Share2區塊中。

step 4 重複上述步驟，直到每個像素都經過處理，得到兩倍原圖長與寬的Share1以及Share2影像。

6.2 視覺系統安全運作

在前一小節中，我們介紹了各種影像類型如何實現視覺安全系統，並呈現了許多影像範例，而在本小節將著重於以數學觀點來分析與綜覽視覺安全運作的方式。

6.2.1 秘密分享

「秘密分享」(Secret Sharing)的概念是一個秘密的擁有者，要將秘密分給其他的參與者，但是又不希望每位參與者可獨自獲得這個秘密，而是要集合部分或全部的參與者才能得到這個秘密，這種概念就叫做秘密分享，而秘密分享常以(t, n)-threshold(或是t out of n門檻機制)來加以實現。思考下列的生活範例：假設保險櫃僅能由一把金鑰才能開啟，如果複製多把相同的金鑰給該保險櫃的共同擁有人，此時保險櫃可由擁有相同的金鑰之任一人所開啟，這並不符合"共有"的概念。因此，若能使保險櫃可對應至多把不同的金鑰，並且需取得一定數量的金鑰方可開啟時，才可達成共同擁有無法由單一金鑰的擁有者開啟，此概念即稱為「秘密分享」。

Shamir於1978年提出了一種數學模式來應用秘密分享。其原理利用二維座標裡，線上二點可造同一直線，曲線上三點造同一曲線。以此類推，故只

要取得原曲線上部份點的集合即可重造(恢復)原曲線。此種數學模式以藉由

LaGrange內插多項式 $f(x) = \sum_{i=1}^{n} s_i \prod_{j=1, j \neq i}^{n} \frac{x - ID_j}{ID_i - ID_j} \bmod p$ 來實現。例如：若有四

人($ID_1=3$, $ID_2=4$, $ID_3=5$, $ID_4=6$)的個別秘密分別為$s_1=7$, $s_2=17$, $s_3=3$, $s_4=13$與共同

質數p為29。若欲得到共同的秘密時，得代入

$$f(x) = \sum_{i=1}^{n} s_i \prod_{j=1, j \neq i}^{n} \frac{x - ID_j}{ID_i - ID_j} \bmod p$$

$$f(x) = \sum_{i=1}^{4} s_i \prod_{j=1, j \neq i}^{4} \frac{x - ID_j}{ID_i - ID_j} \bmod 29$$

$$= 7 * \frac{(x-4)(x-5)(x-6)}{(3-4)(3-5)(3-6)} + 17 * \frac{(x-3)(x-5)(x-6)}{(4-3)(4-5)(4-6)} +$$

$$3 * \frac{(x-3)(x-4)(x-6)}{(5-3)(5-4)(5-6)} + 13 * \frac{(x-3)(x-4)(x-5)}{(6-3)(6-4)(6-5)} \bmod 29$$

從上述的結果，可推得三次多項式：$f(x)=8x^3+8x^2+6x+20 \bmod 29$。再以
$x=0$代入此式，即可得知共同秘密可設定為20。這四人手中的個別秘密即稱為
Share(部份秘密)。事實上，在$f(x)=8x^3+8x^2+6x+20 \bmod 29$中任四點依內插多項
式造法亦將會重建原曲線的多項式$f'(x)=f(x)$。若以五點造同一曲線為例，如圖
6-12所示。

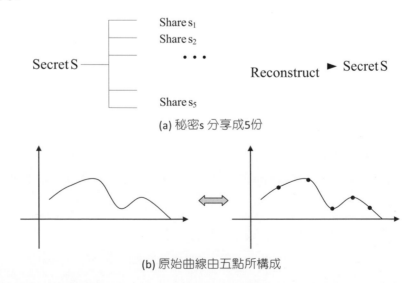

(a) 秘密s 分享成5份

(b) 原始曲線由五點所構成

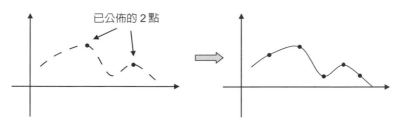

(c) 原始曲線可由所公佈的2點在配合曲線上其他3點所重建

▶ 圖6-12 多項式之秘密分享機制

另外在秘密分享機制中所謂的Threshold，意即將秘密分成n份Shares，持有t份以上的Share(ID_{iw}, S_{iw}), $w=1, 2, \cdots, t$，就可推導出共有的秘密。以下為t份以上的Shares所使用的內插多項式：

$$f(x) = \sum_{w=1}^{t} s_{t_w} \prod_{z=1, z \neq w}^{t} \frac{x - ID_{iz}}{ID_{iw} - ID_{iz}} \bmod p$$

最後令$f(0)$=共同秘密，即為秘密分享的效果。

範例 2

若有6位使用者分別持有座標點(ID_i, s_i), $i-1, 2, \cdots, 6$則下：

$$U_1 : (ID_1, S_1) = (9,78) \qquad U_2 : (ID_2, S_2) = (10,469)$$
$$U_3 : (ID_3, S_3) = (11,27) \qquad U_4 : (ID_4, S_4) = (12,9)$$
$$U_5 : (ID_5, S_5) = (13,3) \qquad U_6 : (ID_6, S_6) = (14,622)$$

且令共同質數為$p=719$。若秘密分享為(6,6)-Threshold，則內插多項式可依LaGrange方式產生$f(x)$：

$$f(x) = \sum_{i=1}^{6} s_i \prod_{j=1, j \neq i}^{6} \frac{x - ID_j}{ID_i - ID_j} \bmod p$$
$$= 346x^5 + 643x^4 + 344x^3 + 571x^2 + 508x + 259 \bmod 719$$

若令共同秘密$S = f(0) = 259$，且令在$f(x)$上新的二點為$(1, f(1)) = (1, 514)$與$(2, f(2)) = (2, 349)$。若配合原先任四點如$(11, 27)$，$(13, 3)$，$(12,9)$與$(9, 78)$則$f(x)$可被重建。再令$f(0)$ 即得到原共同秘密$S=259$。

6.2.2　像素與矩陣

　　一張數位影像是由許多個像素所組成，而組成影像的像素越多，則影像的解析度愈大，即表示需使用更大的儲存空間儲存該張數位影像。就以電腦如何儲存一張影像資訊的觀點來看，每個像素都有其對應的值，而這個值即是代表影像亮度的強弱。因此，每一張數位影像的像素值，都可以對應出一個矩陣，而各種數位影像處理技術，亦可說是建立在此矩陣的運算上。

　　傳統的視覺安全是建立在黑白的二元影像上，假設0表示白色、1表示黑色，將機密影像之像素分解成n張分享影像，即定義M_0與M_1兩個$n \times m$布林矩陣，其中M_0為處理白色點的矩陣，M_1為處理黑色點的矩陣，n代表要分成多少張分享影像的個數，m為每一個點要擴張成幾倍。舉例來說，M_0如圖6-13所示，其為2×2的矩陣，所以可以分為2張分享影像($n=2$)，每一個像素會擴張成2倍($m=2$)。

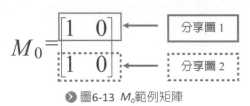

> 圖6-13　M_0範例矩陣

　　若以一個2×2的矩陣為例，如圖6-14所示。0表示白色、1表示黑色，如果機密影像的點為白色，則依M_0來看可分為兩張分享影像。將原機密影像每個點擴張為兩倍成為分享影像，也就是分享圖1為(1，0)，分享圖2為(1，0)。若點為黑色的話，依M_1來看，分享圖1為(1，0)，分享圖2為(0，1)。依序將整張機密影像分解成兩張分享圖，其表現出的方法就如圖6-15所示。

　　在實作上，則是根據原機密影像之像素來決定出分享圖所對應出的像素矩陣組合，由於原機密影像不論是黑或白，其對應的擴充矩陣組合是01或10的機率均是二分之一，因此，透過亂數所選取出的像素組合來產生分享圖，對於單一張分享圖而言，僅是一張隨機影像，而不會包含任何機密影像資訊，藉以來達成視覺安全之目的。

$$M_0 = \begin{pmatrix} 1 & 0 \\ 1 & 0 \end{pmatrix} \text{OR} \begin{pmatrix} 0 & 1 \\ 0 & 1 \end{pmatrix} \qquad M_1 = \begin{pmatrix} 1 & 0 \\ 0 & 1 \end{pmatrix} \text{OR} \begin{pmatrix} 0 & 1 \\ 1 & 0 \end{pmatrix}$$

圖6-14　2×2的矩陣

原圖	處理矩陣	分享圖1	分享圖2	重疊結果	視覺判斷
	$M_0 = \begin{bmatrix} 1 & 0 \\ 1 & 0 \end{bmatrix}$				白
	$M_0 = \begin{bmatrix} 0 & 1 \\ 0 & 1 \end{bmatrix}$				白
	$M_1 = \begin{bmatrix} 1 & 0 \\ 0 & 1 \end{bmatrix}$				黑
	$M_1 = \begin{bmatrix} 0 & 1 \\ 1 & 0 \end{bmatrix}$				黑

圖6-15　1×2 視覺安全範例

6.2.3　視覺安全系統門檻

　　從前段的介紹中，我們可以發現視覺安全具有兩項特點，即秘密分享與視覺辨識。在秘密分享方面，是採用(t, n)-threshold門檻機制來達成，主要是能將機密影像分成n張分享圖(Shares)，而從各分享圖之中無法取得任何機密資料，也無法推測出機密資料的內容，必須要將t張以上的分享圖疊合後，才可以得到原本的機密資料，而t值就是達成還原機密訊息的門檻值。此外，在視覺辨識方面，也就是其在還原機密影像時，有別於傳統的密碼學要經過複雜的計算才能獲取原本機密內容，視覺安全只需用人類的眼睛就可以得到其原本機密資料的內容。

　　若將秘密分享門檻機制以集合的結構形式來表示，則所使用的存取結構(General Access Structure)為 $\Gamma = \{P, F, Q\}$，其中集合 $P = \{1, 2, \cdots, n\}$ 表示所有的參與者，也就是將機密訊息分成n張分享子圖給了n個參與者。P為全體子集合，其集合大小為 2^P，又此集合可分為有效集合Q與無效集合F，其中 $Q \subseteq 2^P$ 且

$F\subseteq 2^P$，且有效集合Q與無效集合F是互斥的，即$F\cap Q=\varnothing$。無效集合F，表示從集合中的取出少於或等於$t-1$張的分享子圖中無法解出機密訊息；有效集合為$Q=2^P-F$，表示從集合中的取出t以上的參與者(分享子圖)才能解出機密訊息，那麼我們可以稱(P, Q)是(t, n)存取結構。假設一個子集合S，$S\subseteq P$，若$S\in Q$則表示子集合S中的分享子圖可以透過疊合來獲得機密訊息，反之若$S\in F$則無論如何都無法透過疊合獲得機密訊息。

若從像素的觀點來看秘密分享門檻機制，如果一張數位黑白影像是由一堆黑和白的像素所組成的，其中"0"代表白像素(White Pixel)，"1"代表黑圖素(Black Pixel)。在製作每一張分享圖給參與者時，一個像素被分成數個子像素(Sub Pixels)，並將這些子像素製作到參與者的分享圖中。而所謂「合格的參與者」就是指把這些像素疊合在一起，進而合成原來的機密訊息；反之「不合格的參與者」則無法從像素疊合在一起後得到任何的資訊。我們可以用布林矩陣的表示方法來描述如何還原機密訊息，其方法如下所示：

假若有一個$n\times m$大小的布林矩陣C，矩陣內的數值是由分享圖上的子像素所組成，其中C_{ij}代表第i張分享圖上的第j個子像素；當$C_{ij}=1$時，即為第i張分享圖上的第j個子像素是黑色像素；反之$C_{ij}=0$時，為第i張分享圖上的第j個子像素是白色像素。若矩陣C屬於有效集合Q，則從矩陣C中所取出的分享圖i_1, i_2,…, i_r列共r張分享圖，並進行疊合即可獲得機密訊息；而所謂的分享圖疊合就是將對應之每一行像素做"OR"的布林運算，接著再將運算結果以影像方式呈現再經人眼辨識就可看出機密訊息。

如何透過從"OR"計算每一張分享圖的子像素所產生的值，來顯示出灰階深淺對比的程度之V向量？我們將採用漢明量$H(V)$的表示法來表示人眼辨識灰階深淺的程度。假設d為人類視覺判斷之門檻值，給定一個門檻值$1\leq d\leq m$以及對比值$\alpha>0$，通常α為大於1的常數。在這個條件下，當$H(V)\geq d$時，此漢明量$H(V)$在人類視覺辨識灰階深淺度上將判斷為黑色的像素區塊，當$H(V)\leq d-\alpha m$，其中αm表示色差，則在人類視覺判斷下將視為白色的像素區塊。

範例 **3**

在一個VSS(Virtual Secret Sharing)機制中，若$\Gamma = \{1, 2, 3, 4, 5\}$, $Q = \{\{1, 2, 3\}, \{1, 3, 4\}, \cdots, \{3, 4, 5\}\}$且$d \geq 3$，以及$F = \{\{1\}, \{2\}, \cdots, \{4, 5\}\}$。也就是指一個(3, 5)-threshold機制，且其基礎矩陣C_0以及C_1被設計如下：

$$C_0 = \begin{bmatrix} 1 & 0 & 0 & 0 & 0 \\ 1 & 0 & 0 & 0 & 0 \\ 1 & 0 & 0 & 0 & 0 \\ 1 & 0 & 0 & 0 & 0 \\ 1 & 0 & 0 & 0 & 0 \end{bmatrix} \text{ 及 } C_1 = \begin{bmatrix} 1 & 0 & 0 & 0 & 0 \\ 0 & 1 & 0 & 0 & 0 \\ 0 & 0 & 1 & 0 & 0 \\ 0 & 0 & 0 & 1 & 0 \\ 0 & 0 & 0 & 0 & 1 \end{bmatrix} \text{。}$$

首先分析矩陣C_0與C_1，可發現在C_0中選擇任意n列的元素進行"OR"的運算，其結果都只獲得$H(V)=1$，而在C_1中只要選取n大於等於3列的元素進行OR，便可取得符合門檻值$H(V) \geq 3$。從圖6-16顯示出進行解密後影像的矩陣情形，假設每一列的數值代表為一張分享圖(Share)的像素組合，而將所選取的每一列中的每一行進行"OR"運算的結果，則可得出疊合之分享圖的像素組合，其中運算後1元素的個數即為漢明量$H(V)$的值。

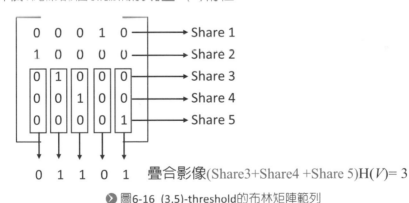

圖6-16 (3,5)-threshold的布林矩陣範列

6.3 視覺安全系統應用

視覺安全技術於認證或是秘密分享的應用，已常見於各項驗證機制中，廣義而言視覺安全的應用可泛指以視覺辨識來達成安全性目的之各項技術。而透過視覺安全來達成的安全機制，具有非記憶性、低運算成本、高度安全等優勢。以下將介紹視覺安全三項常見的應用，即視覺化密碼、圖形驗證碼、動態密碼。此外，視覺安全透過產生雜亂無章的分享圖，並利用疊合的方式，產生機密訊息；因此，我們將介紹另一種視覺安全——QR Code密碼。

6.3.1 視覺化認證

密碼的使用在於進行身分及權限的認證，當網際網路所提供的各項服務愈來愈多樣化之際，對於網際網路具有匿名特性，使得對使用者提供這些服務首要問題即是確認對象為經授權的「個體」，在對方身分被確認之後，才可依授權等級提供不同的服務。除了網際網路外，一般機密訊息的存取及管制區的進出等，都需經由身分認證的機制，以防止未經授權的存取。

一般常見的身分認證方式，主要有以下三種：記憶帳號密碼、生物特徵(Biometrics)及持有信物(Token)。採用記憶帳號密碼的認證方式，為目前最常見的身分認證方式，此方法將註冊階段使用者設定之一組使用者代號及密碼資料存入資料庫，並在將來登入時，依使用者輸入進行比對，只要有任一項不符，即拒絕提供授權，具有實作程序簡單的優點。然而此方法的安全性建立在密碼的複雜性及長度，對於使用者而言，記憶過長或是極為複雜的密碼是一項難題。而透過生物特徵的認證方式，是依不同使用者間在生理或行為特徵上的獨特性，所建立的資料做為進行認證之基準。常見的生物特徵技術，如指紋、眼睛虹膜、去氧核糖核酸(DNA)、聲紋等，其中以指紋辨識技術發展最早也最成熟，也是目前最具代表性的生物測定技術。使用生物特徵的認證方式具有無需記憶密碼及無需攜帶東西即可進行身分認證的好處，但其缺點在於精確度不易衡量，並且因生物特徵與個體高度相關而產生隱私權侵犯的質疑。至於採用信物以所持有的東西來進行認證，例如：智慧卡、IC卡或是RFID技術，使用者無須再記憶複雜的密碼，且遺失可再行補發。但此法之缺點需面對信物被竊

取、冒用或是複製的問題，同時信物的安全保護機制亦需考量。

除了上述介紹的三種方法外，另一項依據人類視覺系統對於影像色差的反應及賦予影像不同意義之辨別能力，達到身分認證的功能，即為「視覺化認證」機制。此方法是將金鑰等認證資訊，透過視覺安全演算法處理後，產生認證所需的分享圖片，並在進行認證時透過視覺辨識來還原認證資訊，相較於一般認證方式，歸納出以下優點：

一、以生物本能之視覺系統為判讀認證訊息，不受記憶能力之限制。

二、產生訊息之圖片不需透過複雜的指數運算，可有效減低運算成本。

三、以視覺辨識還原資訊的方式，不易受到攻擊，諸如：機器人、Hacker等。若有任何訊息遭受竄改，也容易被察覺。

四、僅須提供可處理圖形能力之裝置即可進行，以現行各項電腦、行動裝置均可支援。

6.3.2　圖形驗證碼

圖形驗證碼(Completely Automated Public Turing Test to Tell Computers and Humans Apart, CAPTCHA)近年來被廣泛應用在許多網路的服務中，此項技術透過隨機產生的圖片及驗證碼，並透過使用者以視覺辨識的方式，來輸入驗證碼資訊，藉以判斷使用者是人類還是電腦自動控制，可說是廣義視覺安全的應用。

而使用圖形驗證碼可有效阻絕未被授權的登入者用特定程式以暴力破解法不斷嘗試密碼，並防止網站使用者使用自動化程式，進行自動註冊、發表大量灌水文章等浪費伺服器資源及阻斷服務的攻擊。

為了防止使用者採用所謂的OCR程式進行文字辨識，圖形驗證碼也進行許多的改良，如圖6-17及圖6-18，採用了混亂的背景或是不常見的字形，可確保使用者必須進行視覺辨識及輸入驗證碼的動作，達成上述所提各項功能。

◔ 圖6-17 經濟部商業司全國商業服務網　　　　◔ 圖6-18 Google帳戶登入驗證

6.3.3　動態密碼

　　動態密碼(One Time Password, OTP)又稱一次性密碼，概念為解決一般靜態密碼易遭受破解。動態密碼的運作方式利用重要的個人資訊(如：個人密碼、智慧卡、IC卡、晶片卡資訊…等)與密碼產生器產生一組一次性密碼，在需要登錄的時候，就利用一次性密碼進行登錄。密碼產生器會隨機產生一組密碼並要求使用者以視覺辨識後輸入該密碼，就其基本原理而言，亦符合廣義的視覺安全的應用。

　　動態密碼的產生方式，是植基於使用者在註冊身分時，所預先共享的資訊做為基礎，而這些資訊可能是指共同的規則或演算法等知識，當使用者了解其運作方式後，便可藉以推測出本次驗證所需的密碼。而採用動態密碼的優點，除了可以達成類似"一次一密"的安全性要求外，並可以防止因使用者將密碼寫下／記錄，而造成驗證資訊洩漏的風險。

　　在此介紹一種結合動態與靜態密碼的驗證登入形式，假設在註冊階段，使用者需設定一組長度為8個字元的密碼，其中前四碼須數字而後四碼則不限制，並且規定從動態編碼表中之第二列字母進行視覺辨識，則其運作範例如下：

(1) 設定使用者密碼為"9213acde"。

(2) 當使用者欲進行登入驗證時，系統隨機動態產生一組編碼表，如圖6-19。

(3) 依預設之規則從編碼表第二列對應原先設定之密碼"9213"，則產生一組新的編碼"jewf"。(註：動態編碼表中之文字，每次產生的結果皆不相同。)

　　最後，輸入密碼"jewfacde"即可通過驗證。

	0	5	4	2	1	6	7	8	9	3
9	s	a	c	e	h	s	d	j	s	n
6	d	e	s	e	w	r	e	q	j	f
5	e	h	s	j	e	e	e	f	u	n
3	w	e	d	s	w	y	h	v	d	r

	0	5	4	2	1	6	7	8	9	3
8	l	t	y	u	y	e	r	y	t	k
7	y	r	t	e	l	j	f	y	g	k
2	e	y	w	d	g	d	q	w	g	i
1	s	r	f	d	e	k	d	u	k	r
4	a	d	e	w	h	j	d	e	a	t
0	q	h	u	u	g	e	k	g	r	u

▶ 圖6-19 動態編碼表

6.3.4　QR Code

QR Code(Quick Response，快速回應)是近年來被廣泛應用在資訊辨識的服務，例如：產品辨識、數位典藏、Google Map等；此項技術是透過國際標準組織ISO的規範，產生一個毫無意義的圖形，如圖6-20所示，並利用QR Code解碼軟體來判斷其機密訊息。就其基本原理，產生一張無法利用視覺就可立即辨識出機密訊息，可說是廣義視覺安全的應用。

QR Code可對各種資料，諸如：文、數字、網頁連結、簡單影像等，進行編碼，若欲被編碼的資料量越大則所產生的QR Code圖案會越大越複雜。而QR Code主要有幾項重要組成要素，如圖6-20所示。定位用圖案可幫助解碼軟體定位，使其無須對準條碼，即可以任何角度對條碼進行掃描；在定位圖案範圍內之圖形為主要的資料儲存區；而條碼中的黑點及白點即為主要的組成單元，依一定的排列規則將資訊轉換成條碼。二維條碼因為資訊容量大，所以可直接在條碼中表示想表達的資訊，不必如同一維條碼般利用資料庫進行搜尋。在某些情況下，條碼中的資訊僅是文字上的資料，不必與網路連結也可以解譯出該條碼的內容。

定位用圖案

資料儲存區

組成單元

▶ 圖6-20　QR Code 的組成元件

QR Code的解碼非常的簡單，只要透過QR編碼軟體或是手機即可將無法從人眼立即辨識出的資訊，即刻轉換成訊息，其QR Code之編碼與解碼之概念圖如圖6-21 所示。

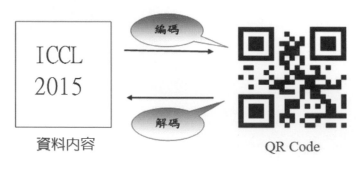

▶ 圖6-21 QR Code 的編碼與解碼

6.4 結語

在本章中，我們介紹了影像處理中視覺系統安全的多項技術及相關應用。並透過範例的介紹使得讀者了解視覺安全的技術。進而從相關視覺安全的應用可發現，透過視覺安全的原理來達成相關身分認證的機制。相較目前一般以生物特徵(如：指紋、虹膜)、記憶帳密等方式，可以達到降低裝置成本及運算負擔等優點，並具有高安全性，同時亦較符合生物本能對於視覺系統具有較強的記憶能力。對於未來網路各項攻擊技術不斷更新，視覺安全的概念提供另一項在影像處理應用領域值得探討與發展的技術。

問題與討論

1. 說明何謂視覺系統安全。

2. 說明如何在各種影像類型應用視覺安全機制。

3. 說明如何建立(3,6)- Threshold的視覺安全機制。

4. 除了本章介紹的Floyd-Steinberg Error Filter誤差擴散法外，說明其他的半色調技術與優缺點。

5. 視覺系統安全之應用除了本章所提的三項技術外，說明其他的應用類型，且與傳統的安全技術比較，說明不同處。

NOTE

07

多媒體安全

影像處理是多媒體應用中的一個部份，其應用於偽裝包括了掩體與資料二個重要的角色，缺一不可。而載體為掩體與資料所結合後的最終產物。偽裝藝術目的在於從人類的視覺感官中無法知悉與了解載體中蘊含有哪些資料或是費盡心思從載體中窺探出某些特殊涵義資料。自古至今，偽裝一直有著它特殊的淵源及其歷史背景，因此本章我們介紹此應用的歷史文化，再透過簡單的文字嵌入來引領大家進入影像處理應用之世界。

7.1　多媒體偽裝

　　偽裝學(Steganography)一名詞，源自於希臘「Steganos」與「Graghein」。目的為雙方或雙方以上欲建立一個秘密通訊的頻道來傳遞訊息，這裡的頻道意指各式各樣的媒介，如文字、圖形、甚至視訊檔案皆可做為掩護，在其掩護之下傳遞秘密的訊息。偽裝學最早的歷史應從中古世紀談起。希臘的歷史學家希羅多德(Herodotus)講述在西元前440年左右，希臘人Histiaeus打算聯合各殖民地，對抗波斯人(Persians)，因此，Histiaeus就刮除他最信任奴隸的頭髮，並在頭皮刺上對抗波斯人之軍事策略訊息，等到頭髮長出來便會將訊息掩蓋住，再派遣這位奴隸去通知各殖民地。因此，這種秘密通訊的技術，成功的擊退了波斯人。令人驚訝的是，這個方式在20世紀初仍然被一些德國間諜使用。希臘人Histiaeus也講述有關一個在波斯法庭的希臘人狄馬徒司(Demeratus)如何利用在一塊竹片上的蠟像進行資訊隱藏的動作，因此成功地警告斯巴達(Sparta)即將發生的入侵戰爭。在相關的戰略報告中亦提及可在傳訊人的腳底或者女人的耳環、在木片上刻下訊息並且塗白，或者將紙條綁在鴿子的腳上，方法有如中國古代的飛鴿傳書。甚而可利用關鍵字的寫法改變，如下筆力道輕重的不同、或者在關鍵字上或下畫小圈圈做記號。

　　十六世紀義大利科學家喬凡尼‧波塔(Giovanni Porta)講述了如何將機密訊息隱藏在已煮熟的蛋中，這個原理是利用化學變化的效果來實現資訊隱藏。這個作法是用一盎司明礬和一品脫醋混成的液體當作墨水，將機密訊息寫在蛋殼上。這種液體會穿透蛋殼，並在硬化的蛋白表層上留下訊息，因此只要剝除蛋殼就可以發現機密訊息。

　　從古至今，偽裝技術的發展是連綿不斷的，唯有掩護媒介由早期物質媒介漸漸的走向數位化的產物，例如：多媒體、文件、數位訊號，這表示偽裝技術有存在的重要性。但是，它有一個最根本的弱點，就是掩護媒介被知道了或是被破壞了，那麼秘密通訊的內容就會曝光或遺失。如果每一位衛兵都能仔細的搜查每位過境的旅人、剃剃人民的頭髮、刮一刮蠟板、刮一刮木片、剝剝蛋殼等，所偽裝的訊息有些將會敗露，因此，就衍生了加強訊息安全的技術──密

碼法(Cryptography)。

密碼法源自希臘文(Kryptos)，即「藏匿」的意思。密碼法與偽裝技術皆有藏匿的涵義，但密碼法轉譯成無意義文字符號，這是跟偽裝技術相異之處。密碼法的一般性釋義就是利用某些程序，把訊息轉換成為無法理解的文字或符號，這個程序叫做「加密(Encryption)」。早期所使用的密碼法是利用一個事先協議好的規則，將明文訊息(Plaintext)依協議的規則進行處理，處理後就獲得無法理解的密文(Ciphertext)，除非你／妳知道協議規則，否則無法從密文中得知真正的意涵。

密碼法大致上可分為二類：移位法(Transposition)與替代法(Substitution)。「移位法」就是調動字母的順序，例如：有一個字句，其字母調動後的結果為「TEO KILI DTHDN TC NQEN ISPLCT OHBOTTESA AII GEH IUADTAPIAIN」，已知字母的對調規則為將奇數位字母排成一列，偶數字母寫在另一排，最後，再將偶數字母串接在奇數字母後面，由此規則，可得知真正的意思「THE BOOK TITLE IS DATA HIDING TECHNIQUE AND ITS APPLICATION」。移位法不適用於較短的訊息或一個單字，因為較短的訊息或一個單字重組的方式有限，容易被暴力破解，例如：三個字母的「LAB」，只有六種不同的排列方式，「LAB、LBA、BLA、ABL、BAL、ALB」。不過，如果增加字母數的數目，則排列方式的組合就會變得更多，除非知道字母移位的規則，否則，比較不可能會知道原始的訊息。例如：「Information Cryptology and Construction LAB」這句話只有39個單字，卻有39!(階層)的排列方式。移位法是利用調換字母的組合，愈大量的字母則其安全度愈高，但這個方法會造成迴文謎(Anagram)。「迴文謎」的意思就是將單字的字母順序對調後，又會產生另一種單字。例如：and會被組成dna、eat會被組成tea。

替代法(Substitution)顧名思義就是原始的字母用其他的字母或符號代替之。最典型的替代法，就非波利比奧斯密碼莫屬了。這個密碼法大約在西元前2世紀被一位古希臘政治家叫做波利比奧斯(Polybius)的人所設計出。他的構想是利用座標的方法，將一個字母表示成二個字。以英文字母而言，波利比奧斯密碼法則用了一個5×5矩陣來表示(如表7-1所示)，但是因為英文字母有26種表

示法，所以，在此一密碼法則，把i與j視為同一種表示法。例如：有一個連續的數字，其結果為「24 13 13 31 11 44 24 32 13 35 45」，已知這一串數字是用波利比奧斯密碼來處理，由此規則可得知真正的意思是「ICCL AT IM CPU」。

▶ 表7-1 波利比奧斯密碼

↑	1	2	3	4	5
1	a	b	c	d	e
2	f	g	h	i, j	k
3	l	m	n	o	p
4	q	r	s	t	u
5	v	w	x	y	z

　　偽裝技術與密碼法二者的目的皆為保全機密資料。前者是利用掩護媒體的方式進行資料嵌入；後者則利用了某些方法轉譯明文成無法理知內容的密文。而二者最大的差異莫過於轉譯／嵌入的本質。以前者而言，偽裝前與偽裝後的本質，並不會產生變化，而後者的本質，則會產生巨大的變化。如果根據這個差異就妄下定論判斷密碼法劣於偽裝方法，這樣的比較是不公平的。與其爭論何種方式較好，倒不如說，各有其優缺點，且每個方法的應用範疇也不盡相同。

　　偽裝透過多媒體之影像處理方式，主要的目的是讓數位資訊可以安全的在網路上傳遞，並不會引起別人的注意。在1999年Petitcolas等人對偽裝之資訊隱匿(Data Hiding)的目的做了大概的分類，如圖7-1所示，分成四大類，包括有隱匿式通道(Covert Channels)、偽裝法(Steganography)、匿名法(Anonymity)與版權標記(Copyright Marking)等。以下我們將簡單分述各類別的涵義：

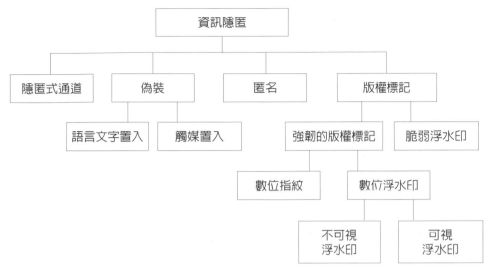

● 圖7-1　資料隱匿研究分類表

(1) 隱匿式通道，找到一個讓別人無法察覺的秘密通道，並將機密訊息由此通道洩漏出去。木馬程式(Trojan)就是利用隱匿式通道的方式來擷取受害電腦上的資訊或取得控制權。

(2) 偽裝法：所謂偽裝法在於將所要傳遞的機密訊息藏入所選定的偽裝媒體中，唯有正確的金鑰才能得以萃取出其中的嵌入資料亦或隱匿訊息。最典型的例子為囚犯逃脫問題：甲與乙雙方欲共謀從牢獄中脫逃，但典獄長會去注意牢獄中的所有資訊，如果甲與乙傳遞加密訊息，會讓典獄長有所警覺，甚至會使得計畫曝光。因此最好的方法就是將逃獄計畫準備藏在一份看似一般的圖形，例如：蒙娜麗莎的微笑圖、風景照片，如此就可達到祕密通訊的目的。而這樣的方法通常並不會改變原始影像圖(秘密隱匿前)的大小，這使得攻擊者不易查知隱藏於所偽裝的影像圖(秘密隱匿後)中資料的多寡，更不易以此直接進行分析。

(3) 匿名法：指傳送者與接收者在傳遞訊息時，隱匿的雙方皆以假名(Pseudonym)的方式傳送訊息，讓其他人無法竊取資訊與追蹤來源，常見的方法就是發送匿名文件或郵件。

(4)版權標記：為了達成所有權的宣稱或檢查數位媒體是否有被竄改，所有權者可以在數位媒體中藏入所有權人資訊。在目前的應用上，最具代表性的就是代表相關所有權者資訊的數位浮水印。而此與一般性偽裝法研究上最大的差異在於：一般性偽裝法著重於所嵌入的資料量，亦即容量(Capacity)，且無法承受一般影像處理的攻擊。相對的，數位浮水印的版權標記則強調所嵌入的資料在受一般影像處理的攻擊後的浮水印仍可能殘留情況。

基於個人隱私的需要，不論是個人資料亦或是人與人間的對談，對於祕密通訊的需求是有增無減。在過去，便有人透過隱形墨水、暗號與暗語等方式來隱匿訊息，一直到數位時代的崛起，於是進入多媒體的資料嵌入裡偽裝的發展。本章我們將以影像處理為背景介紹如何處理文字的嵌入。透過範例，讓讀者能進一步了解存在於影像處理機制的偽裝學概念。

7.2 偽裝的藝術

廣義的影像處理偽裝就是將有意義的資料附加或嵌入至接觸媒介(觸媒)中。因為觸媒的種類有很多種，因此，以下我們將介紹坊間最常被用來掩護的觸媒，如：文字與圖形，以了解實作的方式。

7.2.1 文字偽裝

語言與文字是與人們的生活習慣最息息相關的。語言文字的偽裝主要是利用音符的不同建立特殊的音符與字母對照表。時至今日，近代推理小說《莫札特不唱搖籃曲》及《達文西密碼》也都巧妙的結合樂譜可能隱匿的機密資料來達到資料隱匿的意義。以小說的故事為例，藉由故事裡莫札特死之謎與有心人追根究柢下進行訊息隱藏的目的與探索。在《莫札特不唱搖籃曲》劇中人物更以德國人所使用的「音名」與義大利人的音名建立連結，留下機密的訊息，並且依音名在英文字母裡的順序將其轉換成數字後，再與機密訊息的數字作相加的運算，最後得到真正的機密訊息。

除此之外，文字藏匿方法亦可利用文字的特性建立不同的特殊規則。例如：以文字中的第一個字母(元)、每行中最後一個或二個字母(元)、或用猜謎題的方式。

範例 1

> Dear Alice,
>
> Greetings to all at Oxford. Many thanks for your
> Letter and for the summer examination package.
> All Entry Forms and Fees Forms should be ready
> for final dispatch to the syndicate by Friday
> 20th or at the very latest, I'm told, by the 21st.
> Admin has improved here, though there's room
> for improvement still; just give us all two or three
> more years and we'll really show you! Please
> don't let these wretched 16 + proposals destroy
> your basic O and A pattern. Certainly this
> sort of change, if implemented immediately,
> would bring chaos.
>
> Sincerely yours
Bob
Feb. 28, 2011.

表面上看起來可能只是單純的一封信，但如果將上文中，每一句的最後一個單字擷取出來，再組合就可得到「your package ready Friday 21st room three please destroy this immediately」完整的訊息。

範例 2

1943年第二次世界大戰中，美國的郵差發現了一封信件，是寄給1619室聯邦建築公司的「F‧B‧Iers」先生的明信片。事實上，這個住址與這個人是虛構的。根據名片收信人的首字母中，可以輕易的了解，此明信片是要寄至聯邦

調查局(FBI)。在經過調查後，發現明信片是一位為Frank G. Jonelis的少尉從日本的一所戰俘集中營中寄出來的。這一張明信片成功的通過了日本與美國郵政單位的檢查。最後FBI將每一行的前兩個字讀出便可以得到這句話：投降之後，美軍在菲律賓損失百分之五十、在日本損失百分之三十。

> DEAR IERS:
> AFTER SURRENDER, HEALTH IMPROVED
> FIFTY PERCENT. BETTER FOOD ETC.
> AMERICANS LOST CONFIDENCE
> IN PHILIPPINES. AM COMFORTABLE
> IN NIPPON. MOTHER: INVEST
> 30%, SALARY, IN BUSINESS. LOVE

表面上只是普通的信件，內容並沒有可疑之處。但是，如果我們將明信片裡每一行的前二字連起來讀，可發現這是一句有意義的句子，裡面透露了美軍損失的訊息「AFTER SURRENDER FIFTY PERCENT AMERICANS LOST IN PHILIPPINES IN NIPPON 30%」。(意即為「投降之後，美軍在菲律賓損失百分之五十、在日本損失百分之三十。」)

從上述偽裝學的歷史與介紹英文字偽裝技術，讓人有一種「文字偽裝技術只被運用於西方國家」的迷失。事實上，在中國古代戰爭時已經有偽裝的想法了：他們將文字寫於絲綢之上，再將其捲成球狀，裹上一層蠟後，令人吞下以傳遞祕密資訊。不同於西方國家的偽裝技術，歷史上，中國亦利用淵博的文學來建立傳遞秘密訊息的方式。

範例 3

唐伯虎是明朝才華洋溢的才子，素有「江南四大才子之首」封號。雖然唐伯虎集聰明才智於一身，但他為了「秋香」賣身華府當書僮並改名字為「華安」。華府老太太為了想請能書善畫的華安畫一幅觀音像，唐伯虎提出了三個條件，分別是：要一件清靜的畫室、其他人不得接近、要秋香來幫忙磨墨鎮紙。最後，當唐伯虎畫完水墨觀音圖時，興致一來在畫作上提了一首詩。從這

首詩中，表現上看並沒什麼異狀，但是如果從每一句子中的第一個字來讀，可發現這是一句有意義的句子，裡面透露了唐伯虎到當書僮的目的為「我為秋香屈居童僕」。

> 我聞南海大士，
> 為人了卻凡音，
> 秋來明月照柴門，
> 香滿禪堂幽徑，
> 屈指靈山會後，
> 居然紫竹成林，
> 童男童女拜觀音，
> 僕僕何居榮幸。

另外唐伯虎賣身華府的賣身契中，亦出現了一些端倪了。從賣身契中每一句子中的第一個字來讀，可發現「我為秋香」句子。

> 我康軒今年十八歲，姑蘇人士，身家清白素無犯過，只
> 為家況清貧，鬻身華相府中充當書僮，身價五十兩，自
> 秋節起暫存帳房，待三年後支取，從此承值書房，每日焚
> 香掃地洗硯磨墨等事，聽憑使喚，從頭做起，立此為據。

除可將謎題寫成一首詩一樣，把謎底藏在詩中，有時是依照字形分解，有時則是著眼於字義。解釋時通常要花費許多心思，有些是整首詩一個謎底；有的是每一句各一個謎底，組合起來是一句隱藏的訊息。字謎詩與拆字詩兩者有異曲同工之處，兩者皆是根據作者在每一句詩詞裡的提示進行解題，其差別在於拆字詩比較淺顯易懂，根據字面給予的提示進行文字拆解就可以解出隱匿資料；而字謎詩摻雜了許多猜謎的成分，如果沒有經過一番腦力激盪恐怕無法解出隱匿資料。

範例 4

一首女子的絕情詩，其中暗藏玄機，這首詩的謎底是一二三四五六七八九十，讀者你是否猜出來了呢？

原文	解法
下珠簾焚香去卜卦， 問蒼天，儂的人兒落在誰家？ 恨王郎全無一點真心話， 欲罷不能罷。 吾把口來壓！ 論文字交情不差。 染成皂難講一句清白話。 分明一對好鴛鴦，卻被刀割下。 拋得奴力盡手又乏。 細思量，口與心俱是假。	第一句 **下**去掉**卜**＝一： 第二句 **天**落下了**人**＝二： 第三句 **王**字無**一**＝三： 第四句 **罷**去掉**能**＝四： 第五句 **吾**去了**口**＝五： 第六句 **差**即**乂**，**交**去了**乂**＝六： 第七句 染黑了就去掉了白色(**皂**＝黑色)， **皂**去**白**＝七： 第八句 **分**割了下部＝八： 第九句 **拋**去了**手**(扌)是九： 第十句 **思**去了**口**和**心**＝十。

7.2.2　影像偽裝

　　文字與影像(或數位影像)的偽裝方法，有其異曲同工之處。相同的地方為有效的嵌入重要／敏感的訊息，讓別人無法辨識。在不同之處，前者的媒介為文字或是符號；而後者的媒介為影像(圖形)。

　　影像的嵌入方式一般包含有三種角色：數位影像、資料項、與演算法則，而此三個角色的關係，如圖7-2所示。所謂「數位影像」是由多個像素(Pixel)所組合而成，每一個像素皆有其特定的數值(亮度值)。依照不同的像素值所組合的影像可分為：二元影像(Binary Image)、灰階影像(Gray-level Image)、彩色影像(Color Image)、立體影像(Stereo Image)、三維影像(3D Image)…等。任何數位化的影像皆可以被用來隱藏機密訊息，唯有不同的影像有其特殊的影像格式，所以，需搭配不同的資訊偽裝技術才能完整的將機密訊息隱藏至影像中。

　　機密訊息意即欲被保護的重要／敏感資料。機密訊息的型態可為文字訊息，或是一張重要的圖形，如浮水印或個人資料等。資訊偽裝技術是影像偽裝藝術中不可或缺的重要角色，也是保護機密訊息成敗之關鍵點。資訊偽裝技術它是一種方法，如果方法運用得宜，可以成功的達到資訊隱藏的目標，相對的，如果不得宜，不僅無法保護訊息，甚至有可能洩露機密訊息的可能性。至

於，良好的資訊偽裝技術必須符合資訊隱藏的原則，在下個小節中會有詳盡的介紹。

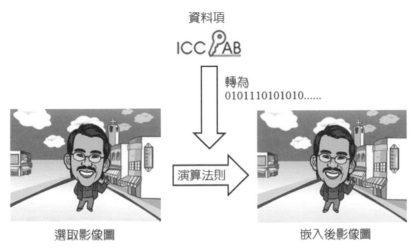

➤ 圖7-2 偽裝技術的概念圖

7.3 偽裝學的嵌入原則

　　從古至今，已發展了許多資料嵌入方法，亦或稱之資料/訊隱藏。它們共同的目的是要防止重要資訊外洩。但是從不同的技術中，哪些技術的效能是比較好的，都沒有較具體的衡量準則。為了有較客觀的方式來分析不同的技術的優缺點，資訊隱藏技術一般用以下的原則來將技術分類及評斷其好壞，分別有透明性(Transparency)、強韌性(Robustness)及承載量(Payload)等準則。

一、不可察覺性(或稱透明性)

　　不可察覺性(Imperceptibility)或稱透明性：係指無法經由人直接感受出資料是否內含秘密訊息，通常與人類的視覺與聽覺特性有關。人類對於外在事物的接受度，一般可分為可察覺性與不可察覺性。可察覺能增加嵌入資料可見度，提高其對影像是否有所改變的敏感度，但卻會破壞原本影像的呈現；不可察覺能保持原本影像的呈現，但對影像的處理毫無敏感度可言。若利用簡單的方法嵌入浮水印，例如：選擇影像像素值的Bit-6與Bit-1來嵌入資料，則前

者Bit-6的內含資料可以明顯被察覺，而Bit-1則不可察覺，如圖7-3所示。換言之，在此例中，對於浮水印式的資料嵌入，即有可察覺亦或不可察覺的型式。並依使用目的的需求來決定何種應用與技術開發。

Bit-6   Bit-1

▶ 圖7-3 可察覺浮水印與不可察覺型浮水印嵌入結果

二、強韌性及承載量

1. 強韌性(Robustness)

係指資料經過嵌入後的影像在一般正常使用情況下(如檔案格式轉換、壓縮等)或非法者的惡意破壞(如竄改、干擾等)後，能有效取出所嵌入的資料的程度，取出的愈完整則愈強韌。

2. 高承載量(Payload)

或稱高容量(Capacity)係指在可接受的影像(已經嵌入資料)品質條件下，儘可能的增加嵌入的資訊量。

三、空間域或轉換域(Spatial Domain or Transform Domain)

在資料嵌入的技術中，常利用轉換域方法(用影像信號)來嵌入資訊。亦或使用空間域的方式直接對影像像素處理(以位元為基礎的最低位元技術)。

轉換域方法是近年來常用在數位浮水印的技術之一，原因是大部分的影像為了方便儲存或在網路上傳輸，大多會進行一些影像處理(Image Processing)，例如：放大、縮小、模糊、銳化、壓縮或格式轉換等。而這些動作容易造成資

訊的遺失，進而影響資訊的完整性。因此轉換域方法不直接對影像像素處理，而是採用函數映對(轉換)的方式，將影像透過特定的函數，如離散傅立葉轉換(Discrete Fourier Transform, DFT)、離散餘弦轉換(Discrete Cosine Transform, DCT)、離散小波轉換(Discrete Wavelet Transform, DWT)等，轉換成相對應的係數(Coefficient)，以便看出影像特徵、能量(Energy)、邊界(Edge)、頻率(Frequency)等各種特性，再將資訊隱藏在受影響較小的係數位置上。

四、檔案格式依賴性

偽裝學的方式與所選擇影像(亦稱掩體)的檔案格式有些依賴性，例如：較低位元處理的影像處理空間域方法，會依賴嵌入後影像(載體)的檔案格式。

7.4 偽裝工具的介紹

一、Hide-and-Seek

目前Hide and Seek已經經發展至版本5.0，這是一個應用GIF的影像檔案為掩體的工具。程式嵌入資料的原理是嵌入每個字元需要8個像素，即每個像素會結合一個嵌入位元。假設有一張340×480像素的圖形，則可嵌入(340×480)÷8=19200，即為約19K大小的資料。另外Hide and Seek的掩體大小最大限制為340×480像素。更特別的是Hide-and-Seek在嵌入資料時，可以結合IDEA(International Data Encryption Algorithm)演算法，將資料先加密後再進行嵌入。工具包含有三個子程式分別是HIDE.EXE、SEEK.EXE、IDEA.EXE，功能說明如下：

◆ HIDE.EXE：用來將資料嵌入掩護體中。在嵌入資料時可以自行設定一個8位元長度的密鑰。

◆ SEEK.EXE：用來將資料從載體中萃取出來。

◆ IDEA.EXE：可以做為資料加密的工具，供通訊雙方選擇性使用。

程式操作的流程如圖7-4所示：

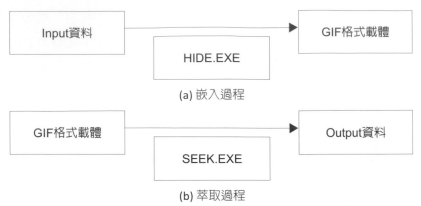

(a) 嵌入過程

(b) 萃取過程

> 圖7-4 以Hide-and-Seek進行資料隱藏及萃取的流程

範例 5

現以一張256×256大小的灰階圖，來說明如何將5K的資料利用Hide and Seek軟體嵌入至Gif的圖形中，如圖7-5(a)所示。首先5K的機密資料儲存成一個文字檔案，接著開啓命令提示字元視窗，並輸入「hide infile.txt tank1.gif iccl2012」的指令就可以將資料嵌入至影像圖中。

其中「infile.txt」為一個資料檔案，「tank1.gif」為原始影像圖，「iccl2012」為IDEA演算的加密金鑰(Key)，結果如圖7-6所示。

(a)256×256像素大小   (b)340×480像素大小

> 圖7-5 原始掩體影像圖

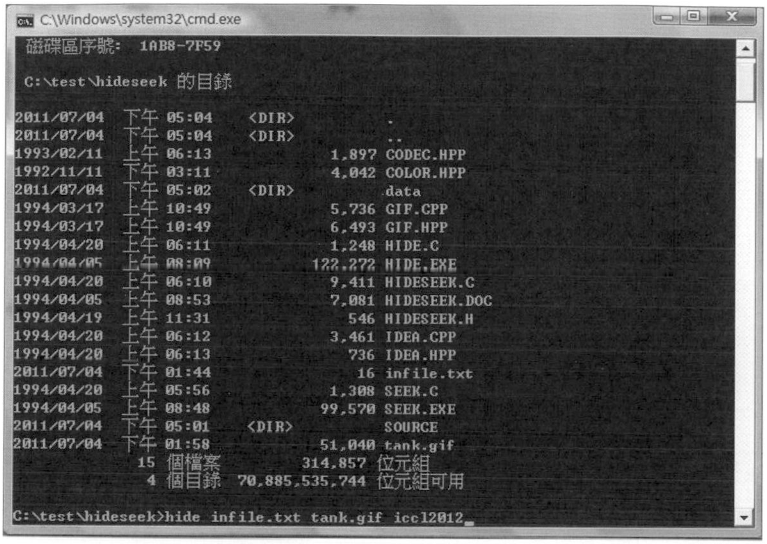

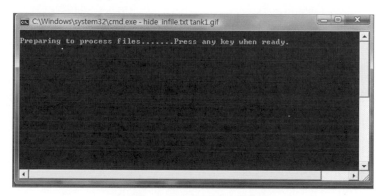

（圖7-6 命令提示字元的畫面）

當在執行嵌入的過程中，這個軟體會先告訴使用者目前的狀態，如圖7-7所示。待所有的資料皆處理後，也會呈現處理完成的畫面，如圖7-8所示。

在執行Hide-and-Seek時，這個軟體規定輸入圖形大小的最大預設值為340×480 像素。因此，在圖形大小小於預設值時，程式會自動將不足的部份補為黑色，如圖7-9(a)。若以一張340×480大小的灰階圖如圖7-5(b)所示，其資料嵌入的結果將如圖7-9(b)所示。

（圖7-7 執行資料嵌入的畫面）

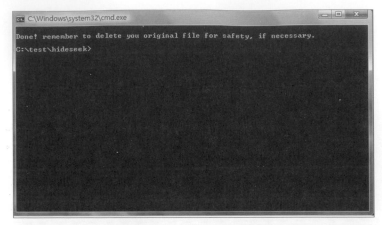

圖7-8 執行結束後的畫面

(a)256×256像素大小   (b)340×480像素大小

圖7-9 載體影像

二、S-Tools

S-Tools於1994年由Andy Brown所開發，同樣是利用空間域方法將資料嵌入到掩體內。可以處理的掩體格式如：WAV、GIF、BMP等，且嵌入的過程中結合了四種加密演算法分別為IDEA、DES、3DES、MDC (Manipulation Detection Codes)，可以將資料加密後再嵌入，使其更具安全性。如圖7-10所示，以400×290的GIF圖形，畫面右下角自動顯示可嵌入的機密資訊容量為43,484位元組。

❷ 圖7-10 以S-tools開啟掩護體

範例 6

　　S-Tools嵌入資料與萃取的操作步驟分別如下：

1. 嵌入步驟

step 1　　開啟S-Tools程式，其操作畫面如圖：

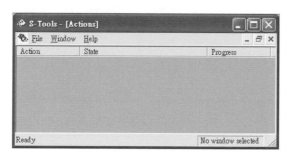

step 2　將欲藏入資訊的圖形(大海)用滑鼠拖曳到**S-Tools**的程式區域中：

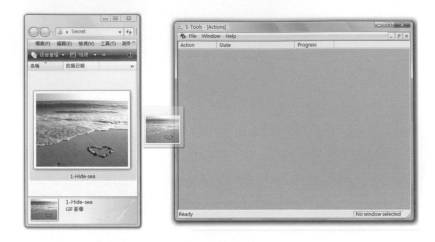

可得結果如下：

step 3 將欲嵌入的資料(ICCL實驗室LOGO)用滑鼠拖曳到S-Tools的程式區域
中：

step 4 將欲嵌入的資料樣圖拖曳到程式區域中之後，畫面出現了視窗要求輸入
密碼以及選擇一種加密方式(包含IDEA、DES、Triple DES與MDC四種
加密方式)。輸入密碼以及選擇加密方式之後，按「OK」鍵，則完成程
序。

step 5　在程式上按滑鼠右鍵，畫面會出現選擇方框，選擇「Save as…」，
　　　　出現Save as的視窗之後選擇一資料夾存放此已嵌入資料之載體圖，
　　　　鍵入欲儲存的檔名後，按「儲存」鍵，即成功儲存載體影像圖(Stego-
　　　　image)。

2. 萃取步驟

step 1　將載體用滑鼠拖曳到S-Tools程式的工作畫面。

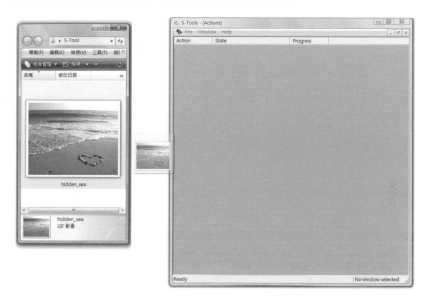

step 2　在程式上按滑鼠右鍵，畫面會出現選擇方框，選擇「Reveal」，出現
　　　　要求輸入密碼以及選擇加密方式的視窗。輸入密碼以及選擇加密方式之
　　　　後，按「OK」鍵，則開始進行擷取特定資料並且列出相對應之檔案。

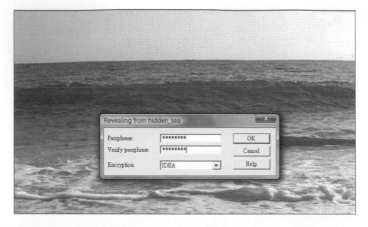

step 3　選取清單中列出的對應檔案，在名稱上按右鍵，選擇「Save as⋯」，
　　　　出現Save as的視窗之後，選擇一資料夾存放檔案，鍵入欲儲存資料的
　　　　檔案名稱後，按「儲存」鍵，即成功萃取並儲存該資料。

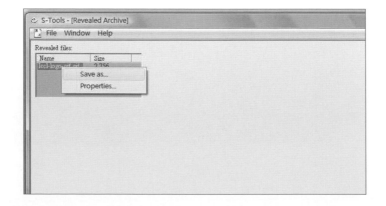

7.5 結語

　　二十一世紀的網際網路世界裡，網路已成為國家安全「無形的疆域」。這種無形的「資訊領域」安全對一個國家來說，和傳統的領土、領海和領空安全地位同等重要。文字與藝術簡單的偽裝應用給現代在偽裝與密碼的使用都有很大的啟示，其定義與研究發展更依此不斷發展出新的技術。本章從偽裝的定義介紹，之後導入影像處理應用之掩體與載體。最後再介紹對應的操作工具。近幾年來，開發工具技術陸續的被發展，雖然本章只有介紹幾種工具，亦只是冰山一角，因此，讀者如果對操作工具的發展有興趣，可以透過網路的搜尋，尋找更多的使用工具。

問題與討論

1. 說明何謂「觸媒置入」與「語言文字置入」。

2. 說明Petitcolas對資料嵌入的分類。

3. 說明一個好的資料隱藏技術必須符合哪些需求。

4. 說明下列視覺圖案中所代表的意義。

```
   j&=      y+ y*      ju+      yy-ʋ      ʋ &
  wE!"     j17$T     7MPC     NU$E-     Ej&ʋ-
  O*K^    yHH:Oʋm+   UMMk     BMNTO:   H1="7'
  jO&OH:   "OH7"E~    U0H1     BB71`   jCf'U:
  ʋM1H1    jB-j1   wHhHh*-⁄$B)B-     BkJUk
  ^HI'OH  j""^N1    "OHOK~   H$H"Da  jP'N ^
  "`   0I        "      jʋHT     T ~ ""      "
```

5. 列出3種掩護載體的操作工具。

08

效能評估與分析

導讀

多媒體影像在資料保護的議題上，無論是在網路與個人資料保護的環境下，皆有其存在的重要性。資料嵌入技術是影像處理中另一分支，且至今也發展多年了，然而資料置於影像後，是否影響品質的多寡，我們必須要了解最基本的評估準則、影像偵測與影像竄改方式。透過不同的評估準則來選擇最佳的嵌入技術。本章主要介紹資料嵌入後的偵測做驗證及相關實驗，以提供讀者對於影像處理的偵測技術有更多的了解。

影像安全(本章以資料嵌入技術稱之)的演算法眾多,各有不同的優點及缺點。為了檢驗各自的技術特性,有許多的影像偵測工具以及影像竄改方法被提出來作檢驗,並驗證資料嵌入技術演算法的優劣。本章以最基本的影像評估準則——PSNR(Peak-Singal-to-Noise-Ratio)開始,講解各種不同的評估工具,並以實際的資料嵌入技術偵測演算法與竄改方法,來呈現良好的資料嵌入技術應具備哪種特質。

8.1 偽裝的評估標準

在資料嵌入技術的研究中,利用在空間域、頻率域或壓縮域上不同的演算法將資料適當地嵌入到不同的位置或依據演算法對像素或係數做不同的修改及調整。然而,大部份的研究均宣稱自己的演算法具有最好的條件,但不論是何種嵌入技術,共同的目標便是遵守基本的原則:不可察覺性(Imperceptibility)、高負載性(High Payload)等。一般而言,較客觀的標準主要在評估資料嵌入技術演算法嵌入後的結果圖,被破壞的程度是否在合理範圍,亦即能保有相當的不可察覺性。一般用來評估影像改變的差異大小評估標準可以分成二類,一類以像素修改的差異值做為評估因素,一類則以視覺上的品質差異做為評估因素,以I代表原始圖片的掩體(Host Image),I'代表嵌入後的載體(Stego Image),而$I(x, y)$代表一個像素。以下分別對這二類的評估標準做簡單說明。

一、以像素差異值做基準

1. 最大差異值方程式

$$MD(Maximum \text{ Difference}) = \max_{x,y} | I(x, y) - I'(x, y) | \quad \text{...........公式(1)}$$

利用MD來描述嵌入前後二張圖片的像素值中,哪一個像素值被修改的幅度最大。值愈高則表示演算法可能將資料集中嵌入在某些像素中,且修改幅度較高;若愈低則可能修改的像素較多,但修改幅度較低。

2. 標準平均絕對差異

$$NAD(\text{Normal Average Absolute Difference}) = \sum_{x,y} | I(x, y) - I'(x, y) | / \sum_{x,y} I(x, y) \quad \text{.....公式(2)}$$

　　　將嵌入資料前後的二張圖片的像素值絕對值差異總和後再除以原始圖片像素值總和。值愈高則可以代表二圖片相差甚多，值愈小則表示二圖片愈相似，若值為0時則二圖片完全相同。

3. 均方差

$$MSE(Mean\ Square\ Error) = (\sum_{x,y}(I(x,y) - I'(x,y))^2)/xy$$ ....公式(3)

　　　計算嵌入資料前後的二張圖片其像素值差異平方總和後再除以圖片大小。若值為0時亦能代表二圖片完全相同，亦可以解釋成平均每一個像素可能被修改的幅度大小，愈高則每個像素平均改變幅度大，愈低則幅度小。

4. 標準化均方差

$$NMSE(Normal\ Mean\ Square\ Error) = (\sum_{x,y}(I(x,y) - I'(x,y))^2)/\sum_{x,y}I(x,y)^2$$ ..公式(4)

　　　計算嵌入資料前後的二張圖片像素值差異平方總和後再除以原始圖片的相素平均和。與前述的評估公式NAD有類似的效果，可以代表二張圖片被修改像素值影像幅度的大小。

5. 訊號雜訊比

$$SNR(Signal\ to\ Noise\ Ratio) = \sum_{x,y}I^2(x,y)/\sum_{x,y}(I(x,y) - I'(x,y))^2$$ ....公式(5)

　　　用這個公式來計算正常訊號量對於雜訊量的比值，並以分貝(Decibel，簡稱dB)為單位。

6. 影像逼真性

$$IF(Image\ Fidelity) = 1 - \sum_{x,y}(I(x,y) - I'(x,y))^2/\sum_{x,y}I(x,y)^2 = 1 - NMSE$$ .....公式(6)

　　　在(6)方程式中，IF內涵值愈高則嵌入資料前後的圖片相似性愈高，愈低則愈不相似。

7. 直方圖相似程度

$$HS = \sum_{i=0}^{255}|I_i - I'_i|$$ ....公式(7)

　　　在(7)方程式中，I_i表示原始圖片中像素值為i的個數，I'_i表示資料嵌入後圖片像素值為i的個數。HS內涵值愈高則表示嵌入資料前後圖片的相似度愈低，

內涵值愈低則表示嵌入資料前後的圖片的相似度愈高，若值為0時則表示二張圖片完全相同。

8. 結構內容衡量(Structural Context)

$$SC = \frac{\sum\limits_{i=0}^{N-1} I'_i}{\sum\limits_{i=0}^{N-1} I_i}$$ ....公式(8)

在(8)方程式中，SC內涵值愈趨近於1，則表示嵌入資料前後的圖片的相似度愈高，內涵值愈遠離於1，則表示嵌入資料前後的圖片的相似度愈低，若值為1則表示二張圖片完全相同。

二、以視覺品質差異做基準

以像素差異值做為評估基準的方式，存在的缺點是不能客觀地符合人眼視覺上的適應感受。因此，在嵌入技術上也被通稱為$PSNR$技術，也被稱為$MPSNR$(Masked Peak Signal to Noise Ratio)。其計算方式如下：

$$MPSNR = 10 \times \log_{10}(\max I(x,y)/MSE)$$
$$= 10 \times \log_{10}(255^2/MSE)$$
$$= 20 \times \log_{10}(255/\sqrt{MSE})$$ ....公式(9)

其中，$MSE = (\sum\limits_{x,y}(I(x,y)-I'(x,y))^2)/xy$。

以每個像素8位元的灰階圖為例，則原本$PSNR$的$\max I(x,y)$最大為$2^8-1=255$，則應用在圖片上的 $MPSNR = 10 \times \log_{10}(255^2/MSE)$，與$SNR$一樣是以分貝為度量單位。若是RGB圖片，且每個顏色為RGB各8位元時，則$\max I(x,y)$同為255，而在MSE的計算上則須注意是R、G、B三者分別計算之後再加總。一般$MPSNR$常被用來在影像壓縮前後的比較，而在資料嵌入的研究上，亦常使用$PSNR$來做為判斷技術上優劣。若處理後$PSNR$值介於30dB或35dB以上，則可稱其演算法的處理對於圖片不會造成較嚴重的破壞。

範例 ①

假設有六個原始像素值(5, 10, 10, 20, 30, 30)。若利用2-bits LSB位元取代法後，獲得資料嵌入後像素值(7, 8, 10, 23, 30, 28)。則 *MSE* 為：

$$MSE = \frac{(5-7)^2 + (10-8)^2 + (10-10)^2 + (20-23)^2 + (30-30)^2 + (30-28)^2}{6}$$

$$= \frac{4+4+0+9+0+4}{6} = \frac{21}{9} = 2.333，而$$

$$PSNR = 10 \times \log_{10} \frac{255^2}{2.333} = 10 \times 4.44516 = 44.4516。$$

此外，承上例，假設共有12位元的資料被嵌入至6個像素中，則像素的負載度則為12/6=2(Bit Per Pixel; bpp)，下一節將有更詳細的介紹。

一般而言，影像的呈現格式不僅只有彩色與灰階，還有一種二元影像。不過上述的衡量影像的工具較不適用於二元影像上。因此，另一種評估方式稱為相關性評估，是在二元影像上的嵌入與取出常被使用到，即黑白的嵌入與取出圖片的相似度評估，其公式如下說明：

1. **正規化相關係數**(Normalize Correlation, NC)，如下方程式表示

$$NC = \sum_{x,y} I(x,y) \times I'(x,y) / \sum_{x,y} I(x,y)^2 \quad.....................公式(10)$$

藉由二元資料的AND運算來計算位元相異的長度再除以原始圖片的資料，計算結果用來表示二進位的偽裝圖片嵌入跟萃取。

若以 *NC* 進行判斷兩張二元圖片是否相同，當 *NC* 值為1，表示兩張二元圖片是相同的。若兩張二元圖片不一致時，則 *NC* 值會降低並介於0與1之間。在(10)的公式之中，*I(x,y)* 表示原始二元圖樣在 *(i,j)* 位置上的像素值，*I'(x,y)* 表示萃取的二元圖樣在 *(i,j)* 位置上的像素值。在 *NC* 的公式中，可以判斷出資料嵌入前與後的二元圖片是不是有一致性，但是 *NC* 的判讀中，當像素值被由0改變成1時，會出現判斷上的錯誤。以下將以一張3×3像素黑白圖作三個範例來解釋這種判讀錯誤的現象。

範例 2

如圖8-1所示：藏入黑白圖 $I_1 = \begin{Bmatrix} 0 & 0 & 0 \\ 0 & 1 & 0 \\ 0 & 0 & 0 \end{Bmatrix}$，取出黑白圖 $I_1' = \begin{Bmatrix} 0 & 0 & 0 \\ 0 & 1 & 0 \\ 0 & 0 & 0 \end{Bmatrix}$ 所有

的像素值完全相同，故 $NC = \dfrac{(0 \times 0) \times 8 + (1 \times 1)}{(0 \times 0)^2 \times 8 + (1 \times 1)^2} = \dfrac{1}{1}$，經檢驗NC值為1，所以二

圖相符。

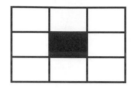 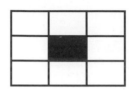

(a) 原始黑白圖 I (b) 嵌入後黑白圖 I'

◯ 圖8-1 二圖相符 NC=1

範例 3

如圖8-2所示：藏入黑白圖 $I_2 = \begin{Bmatrix} 0 & 0 & 0 \\ 0 & 1 & 0 \\ 0 & 0 & 0 \end{Bmatrix}$，取出黑白圖 $I_2' = \begin{Bmatrix} 0 & 0 & 1 \\ 0 & 1 & 0 \\ 0 & 0 & 0 \end{Bmatrix}$，改變

後的 I_2' 有一個像素被由白轉成黑(0改變成1)，故 $NC = \dfrac{(0 \times 0) \times 7 + (0 \times 1) + (1 \times 1)}{(0 \times 0)^2 \times 8 + (1 \times 1)^2} = \dfrac{1}{1}$

，經檢驗NC值仍為1，判斷發生錯誤，利用NC值判斷會誤判二張圖係同一張圖。

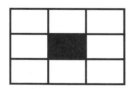 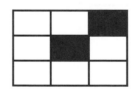

(a) 原始黑白圖 I (b) 嵌入後黑白圖 I'

◯ 圖8-2 二圖不相符，但 NC=1

範例 4

如圖8-3所示：藏入黑白圖 $I_3 = \begin{Bmatrix} 0 & 0 & 0 \\ 1 & 1 & 1 \\ 0 & 0 & 0 \end{Bmatrix}$，取出黑白圖 $I_3' = \begin{Bmatrix} 0 & 0 & 1 \\ 1 & 1 & 1 \\ 0 & 0 & 1 \end{Bmatrix}$，改變

後的I'_3有二個像素被由白轉成黑(0改變成1)，故

$NC = \dfrac{(0 \times 0) \times 4 + (0 \times 1) \times 2 + (1 \times 1) \times 3}{(0 \times 0)^2 \times 6 + (1 \times 1)^2 \times 3} = \dfrac{3}{3} = 1$，經檢驗$NC$值仍為1，判斷發生錯

誤，利用NC值判斷會誤判二張圖係同一張圖。

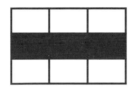　　　　

(a) 原始黑白圖I　　　　　　　　(b) 嵌入後黑白圖I'

● 圖8-3　二圖不相符，但$NC=1$

在上述的三個例子裡，只有在第一種情況時NC能做出與實際情形相符的判斷；而在第二、三的情況下，NC做出的判斷與實際影像的情況並不符合，意即無法正確客觀的判斷出原圖受改變的情形。原因可以由NC的公式來看：

$$NC = \dfrac{I(1,1) \times I'(1,1) + I(1,2) \times I'(1,2) + \ldots + I(3,2) \times I'(3,2) + I(3,3) \times I'(3,3)}{I(1,1)^2 + I(1,2)^2 + \ldots + I(3,2)^2 + I(3,3)^2}$$

以原圖像素值平方和為分母的值並不會改變，故主要判斷圖形相似值是基於分子。而分子是由原圖與改變後的圖每一個相對映位置像素的乘積和所組成，因此，在分母不變的情況下，若圖形的像素由1改變成0時，因其乘積會由1變成0，故與分母相較之下，判定該像素已改變；而在圖形的像素由0改變成1的情況下，因乘積仍然為0，故與分母相較之下，無法判定其遭受竄改。

另外，NC值誤判的情形除了上述的三種情況以外，亦可能發生如圖8-4的狀況，就是嵌入資料後，剛好與原始的二元圖像呈現反相時，NC值0，但還是可以清楚地分辨出二元圖像的內容。

(a)原始二元圖像　　　　　　　　　(b)反向的二元圖像

● 圖8-4　反向時，仍可分辨出二元圖像的內容

2. **正規化絕對值差**(Normalize Absolutes Error, NAE)，如下方程式表示

$$NAE = \sum_{x,y} |I(x,y) - I'(x,y)| / \sum_{x,y} I(x,y)^2 \quad\text{................公式(11)}$$

3. **相關品質係數**(Correlation Quality, CQ)，如下方程式表示

$$CQ = \sum_{x,y} I(x,y) \times I'(x,y) / \sum_{x,y} I(x,y) \quad\text{................公式(12)}$$

4. **竄改評估函數**(Tamper Assessment Function, TAF)，如下方程式表示

$$TAF(I,I') = \frac{1}{N_w} \sum_{i=1}^{Nw} I_i \oplus I_i' \quad\text{................公式(13)}$$

在(13)中，I代表原本的黑白圖(二元圖)、I'代表嵌入後之黑白圖、N_w代表總共比較I與I'的次數。TAF值越大，代表嵌入後之黑白圖與原本的黑白圖差別越多，同時也代表著影像位元修改的比例。反之，TAF若越接近0，則其品質越好，與原本的黑白圖差別也比較小，當等於0的時候，I與I'便是完全相同的。再考慮圖8-1至圖8-3，則 TAF的計算如下：

$$TAF(I_1,I'_1) = \frac{1}{9}(0 \oplus 0 + 0 \oplus 0 + 0 \oplus 0 + 0 \oplus 0 + 1 \oplus 1 + 0 \oplus 0 + 0 \oplus 0 + 0 \oplus 0 + 0 \oplus 0) = 0$$

$$TAF(I_2,I'_2) = \frac{1}{9}(0 \oplus 0 + 0 \oplus 0 + 0 \oplus 1 + 0 \oplus 0 + 1 \oplus 1 + 0 \oplus 0 + 0 \oplus 0 + 0 \oplus 0 + 0 \oplus 0) = \frac{1}{9}$$

$$TAF(I_3,I'_3) = \frac{1}{9}(0 \oplus 0 + 0 \oplus 0 + 0 \oplus 1 + 1 \oplus 1 + 1 \oplus 1 + 1 \oplus 1 + 0 \oplus 0 + 0 \oplus 0 + 0 \oplus 1) = \frac{2}{9}$$

在第一種情況中，TAF量測值顯示I'並未受到篡改；而在第二、三情況中，TAF量測值則分別顯示I'有一個及二個像素受到竄改，與實際情況符合；則與NC的計算公式相異，由於TAF對於原始圖形的像素與改變後圖形的像素值做互斥(Exclusive-or) 運算，故只要在二個比較的像素發生相異情況時，不論是由0變成1或由1變成0，皆會增加TAF值，因而顯示出其圖形受到竄改，由此也解決了NC測度的判讀錯誤問題。

三、以負載資料量做基準

除了利用影像品質來評估資料嵌入技術的好壞之外，另一個衡量標準——資料負載度也是另一種衡量指標。資料負載度為在一張固定大小的原始圖片中，所以承受多少資料被嵌入至圖片中。一般而言，資料被嵌入至圖片一定會

變動原始圖片的像素值,當嵌入大量的資料時,原始圖片的像素值一定會遭受大量的更動,導致嵌入後圖片的品質非常差,因此,在追尋高負載資料量時,也須遵守不可察覺的特性,其評估方式如下說明:

1. **負載量**(Embedding Capacity, EC),如下方程式表示

$$EC=\text{Number of Embedding bits}\text{...公式}(14)$$

計算一張原始圖片總共可以負載了多少位元(Bit)量。

2. **像素負載度**(Bit Per Pixel, bpp),如下方程式表示

$$bpp= EC /(w \times h)\text{...公式}(15)$$

計算一張圖片中每一個像素值可以承載多少位元。其中w和h代表圖片的寬與高。bpp內涵值愈大,則表示像素負載度愈高,bpp內涵值愈小,則表示像素負載度愈低。

3. **位元壓縮度**(Bit Ratio, BR),如下方程式表示

$$BR = (\text{Number of output codestream}) / (w \times h)\text{.........................公式}(16)$$

其中w和h代表圖片的寬與高。

此一方程式,只限用於壓縮域之評估準則,BR內涵值愈小,則表示壓縮度愈好,BR內涵值等於1,則表示壓縮度為0。一般而言,假設一張影像大小為512×512,並且影像切割為4×4大小的區塊,利用256個編碼字(Codeword)進行傳統向量量化編碼,又256個編碼字只須用8位元表示即可。所以,每一個區塊的壓縮度為0.5(=8/16),即代表一個區塊內的16個像素值,可用8個位元表示。

8.2 偵測分析工具

網際網路的普及化,人人皆可經由網路交換與傳遞數位資料。而嵌入技術的原則是指在網路交換與傳遞數位資料不被其他人所察覺。不可察覺(Imperceptibility)不僅要避免被人類的視覺感官所察覺,而且也要避免被其他

的分析方法或工具所發現。以下我們將介紹目前坊間所使用的偵測分析工具，說明如下：

8.2.1　卡方偵測工具(Chi-square Attack)

卡方偵測工具是Westfeld與Pfitzmann於2000年所提出的統計分析工具，此工具能偵測圖片是否利用隨機LSB進行資料嵌入技術，且卡方分析法是建立在「數位影像中LSB嵌入法的位元取代是完全隨機(Randomize)，亦即LSB與其他位元平面不存在任何相關性」的前提假設之下。

所謂「數位影像中LSB嵌入法的位元取代方式是完全隨機」其意指：當使用LSB嵌入資料後，每一個用LSB技術所取代後的位元是一堆雜亂無章的0與1，且所產生的0與1的機率是相等的。換句話說，假設在整張圖片中的嵌入資料中出現0與1的個數是相當接近的，表示該張圖片可能利用LSB技術嵌入資料。一般而言，一張自然的圖片，是不會出現0與1的個數相當接近的現象。因此，只要在偵測圖片時，先產生一個0與1的個數是相當接近的二元串流，再進行統計與分析偵測圖片的0與1的個數，就可以判斷偵測圖形是否存在資料的可能性。以下我們利用例子的方式介紹卡方偵測工具。

範例 5

假設若以基本的BMP影像圖片為例說明卡方分析如下。　首先紀錄影像圖片中所有相同像素值與在影像圖片的像素個數總數，並將統計數據分組。每組的配對由兩個連續像素值組成，例如：像素值0與1一組、像素值2與3一組、…及像素值254與255一組，紀錄各像素值在影像圖片的所有像素值分佈的累積個數。另外再計算每組像素值累積個數的平均值，判斷上述的統計資料關係是否屬於卡方的機率分佈。若所嵌入資料0或1位元具隨機性(Randomized)，則LSB出現0或1的期望值將會相等。事實上，卡方偵測法可針對LSB嵌入之資料做分析，其主要原因是利用LSB在嵌入後會產生的配對組(Pairs of Value, POV)會有顯著的統計變化性。

為了方便說明，我們以16色階的影像圖為例，一個像素由4個位元組成，所能表示的像素值分佈為0-15，且共可分成8組像素值配對組，如表8-1所示。

表8-1 16色階的影像圖的8組配對組(POV)的集合

第一組	0 0 0 0	第五組	1 0 0 0
(0,1)	0 0 0 1	(8,9)	1 0 0 1
第二組	0 0 1 0	第六組	1 0 1 0
(2,3)	0 0 1 1	(10,11)	1 0 1 1
第三組	0 1 0 0	第七組	1 1 0 0
(4,5)	0 1 0 1	(12,13)	1 1 0 1
第四組	0 1 1 0	第八組	1 1 1 0
(6,7)	0 1 1 1	(14,15)	1 1 1 1

範例 6

考慮一張16色階影像，以及一張嵌入資料之前後(利用S-Tools 做LSB的資料嵌入)的16色階影像圖，結果如圖8-5所示。

16色灰階影像圖　　　　　　嵌入資料　　　　　　16色灰階影像圖

ICCL成立於民國87年12月，其位於中央警察大學資訊大樓二樓，研究主題為網路安全與資料建構上之應用，使其網際網路更加安全並增快各項應用軟體的搜尋速度。

圖8-5 16色階影像的資料嵌入比較

假設考慮一張16色階影像在藏入資料之前後，統計像素值配對，結果如圖8-6與圖8-7所示。

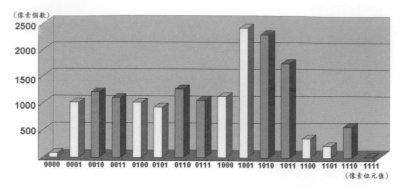

▶圖8-6 原始16色階灰階影像像素分布圖

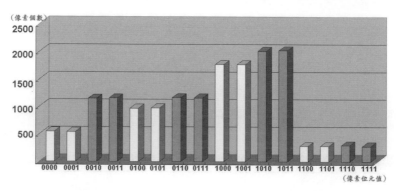

▶圖8-7 嵌入後之16色階灰階影像像素分布圖

　　比較圖8-6與圖8-7兩者之間的差異，我們可以發現圖8-6中像素值配對累積的像素個數彼此相異並且沒有任何關聯性。但圖8-7表像素配對內兩像素值所累積個數都相當接近。我們擷取圖8-6與圖8-7之中的第一組表現值配對，比較之下可以清楚的看出同一組像素值配對在資料隱藏前後的明顯差異，如圖8-8所示。

嵌入前像素值配對長條圖	像素值	累積數量	嵌入前像素值配對長條圖	像素值	累積數量
	0000	76		0000	547
	0001	1011		0001	540

(a)嵌入資料前　　　　　　　　　　　　　(b)嵌入資料後

▶圖8-8 第一組像素值配對比較圖

因此，只要分析出有兩像素值(或POV)所累積個數都相當接近的特性，則我們可以判斷圖8-7所分析的影像圖極有可能內含資料，進而達到阻止秘密通訊的目的。

8.2.2　RS-diagram工具(RS-diagram Attack)

RS-diagram分析工具是由Fridrich等人於2001年所提出的統計分析工具。RS-diagram分析法主要概念為利用「在空間域的自然圖片中，相鄰近的像素其差異值都很小且具有特定的統計規律性」，所以利用影像的像素值執行鑑別函數(Discrimination Function, DF)來獲得像素的平滑性(Smoothness)，其中鑑別函數的公式為 $f(x_1, x_2, x_3, ...x_n) = \sum_{i=1}^{n-1} |x_{i-1} - x_i|$ ，x_i為影像的像素值；接著，再利用反轉函數(Flipping Function)F與反轉遮罩(Flipping Mask)M來模擬增加雜訊，最後再運用鑑別函數DF(Discrimination Function)來計算反轉函數F與反轉遮罩M的結果，用統計分析的方法來判斷圖片是否有存在資料的可能性。其中反轉函數F的一系列定義為：

(i)　正向反轉函數 F_1：0↔1, 2↔3, 4↔5, …, 252↔253, 254↔255。

(ii) 反向反轉函數 F_{-1}：-1↔0, 1↔2, 3↔4, …, 253↔254, 255↔256。

(iii)不變反轉函數 F_0：F(x)=x。

一般而言，反轉遮罩(Flipping Mask)可分為M＝[0 1 1 0]和-M＝[0 -1 -1 0]二種。以下，我們將介紹如何將一個群組的像素值利用反轉遮罩來反轉像素。假設有一個群組為G(x_1, x_2, x_3, x_4)，且反轉遮罩(Flipping Mask) M＝[0 1 1 0]，則反轉後的群組像素表示為G_M($F_0(x_1)$, $F_1(x_2)$, $F_1(x_3)$, $F_0(x_4)$)。相同的道理，若反轉遮罩-M＝[0 -1 -1 0]，則反轉後的群組像素表示為G_{-M} ($F_0(x_1,)$, $F_{-1}(x_2)$, $F_{-1}(x_3)$, $F_0(x_4)$)。

範例 7

若有四個像素值為一個群組，G(x_1, x_2, x_3, x_4) = (155, 152, 156, 156)，首先，利用鑑別函數DF來計算G，則DF(G)=7(=|152-155|+|156-152|+|156-156|)。接著，用反轉遮罩(Flipping Mask)M來反轉像素，則反轉後的群組像素值為

$G_M(F_0(x_1),\ F_1(x_2),\ F_1(x_3),\ F_0(x_4))=(155,\ 153,\ 157,\ 156)$；相同的道理，若以反轉遮罩-M來反轉像素，則反轉後的群組像素值為$G_{-M}(F_0(x_1),\ F_{-1}(x_2),\ F_{-1}(x_3),\ F_0(x_4))=(155,\ 151,\ 155,\ 156)$。

接著，再用鑑別函數DF的數值與反轉函數F的數值來判斷這四個像素值群組屬為何種類別。以上例而言，我們知道鑑別函數DF(G)=7;且經由反轉遮罩計算後之群組$G_M(F_0(x_1),\ F_1(x_2),\ F_1(x_3),\ F_0(x_4))=(155,\ 153,\ 157,\ 156)$的結果為$DF(G_M)=7(=|153-155|+|157-153|+|156-157|)$；與而經由反轉遮罩計算後之群組$G_{-M}(F_0(x_1),\ F_{-1}(x_2),\ F_{-1}(x_3),\ F_0(x_4))=(155,\ 151,\ 155,\ 156)$的結果為$DF(G_{-M})=9$ $(=|151-155|+|155-151|+|156-155|)$。最後，再將上述計算後的數值，DF(G)=7、$DF(G_M)=7$、$DF(G_{-M})=9$，利用下列的條件來判斷群組屬為何種類別。

(iv) 正常群組 R(Regular)：$G \in R \Leftrightarrow DF(F(G_M))$ or $DF(F(G_{-M})) > DF(G)$。

(v) 單一群組S(Singular)：$G \in S \Leftrightarrow DF(F(G_M))$ or $DF(F(G_{-M})) < DF(G)$。

(vi) 無用群組U(Unusable)：$G \in U \Leftrightarrow DF(F(G_M))$ or $DF(F(G_{-M})) = DF(G)$。

依據計算反轉後鑑別函數的數值，利用條件(iv) － (vi)來判斷反轉後的群組是屬於哪一種類別。從上述的計算數值可知道$DF(G_M)＝DF(G)$，因此，G_M是屬於無用類別(因為符合條件(vi))。又$DF(G_{-M}) > DF(G)$，因此，G_{-M}是屬於正常類別(因為符合條件(iv))，則可用R_{-M}表示之。

RS-diagram檢測方法就是將一張受檢測的圖形，先劃分為n個群組，通常每個群組由4個像素值所組成。接著，將每一個群組透過反轉遮罩與鑑別函數的計算後，判斷此反轉後的群組(G_M與G_{-M})是屬於正常、單一或無用群組，其做法如上述例子所示。最後，再將所有群組中的R_M與R_{-M}以及S_M與S_{-M}進行統計機率與期望值分析，且分析後須滿足期望值$R_M \cong R_{-M}$與$S_M \cong S_{-M}$且$R_M + S_M \leq 1$與$R_{-M}+S_{-M} \leq 1$的特性。

在RS-diagram檢測方法中，一般末經過處理的自然圖片中，依照統計分析的結果顯示，其R_M與R_{-M}的期望值應該要近似相等；相同的道理，S_M與S_{-M}的期望值應該要近似相等，即$R_M \cong R_{-M}$與$S_M \cong S_{-M}$。如果在被檢測的圖片中，有被加入隨機的雜訊時，則會違反統計分析的原則，亦會造成R_M與R_{-M}以及S_M與S_{-M}

期望值的差異會變大，因此，RS-diagram就是利用此一原則來偵測自然圖片是否存在LSB的偽裝技術。從圖8-9中，可以驗證RS-diagram偵測工具有符合其基本的統計假設原理。

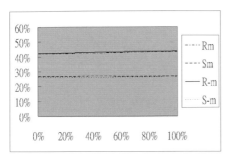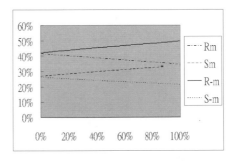

　　　　(a)沒有嵌入資料　　　　　　　　　　(b)用LSB方法嵌入資料

(註：圖8-9中的x軸代表每單一類別與正常類別所累積加總的百分比；y軸代表單一類別與正常類別所出現的機率。)

▶ 圖8-9 RS-diagram偵測的結果

8.2.3　視覺偵測工具(Visual Attack)

　　前二種利用統計分析的原理做為檢測工具的準則，在此小節，我們將介紹一種很簡單檢測工具——視覺偵測方法，此一方法是用人類的感官系統來辨別圖片中是否存在有隨機的資料。一般而言，在一張灰階色彩的自然圖片中，如果對每一個像素取出最重要的位元(MSB)，即像素組成的最左邊位元，並將每個重要位元再組成一張二元圖片，此時，在圖片中可以明顯地看出整張圖片的輪廓，如圖8-10圖中Bit-8所示；相對的，如果對每一個像素取出最不重要的位元(LSB)，並將每個重要位元再組成一張二元圖片，此時，圖片將呈現出一張雜亂無章的影像，如圖8-10中Bit-1所示。

　　一般而言，如果採用隨機取代法將資料嵌入至圖片中，應該會導致取代後的位元呈現雜亂無章的效果。但有趣的是，只要採用隨機取代法將資料嵌入至圖片中後，取出每一個像素中最不重要的位元(LSB)，並組成一張二元圖片的結果，其結果還是會殘留一些紋路，如圖8-11所示。從還是會殘留紋路的結果中，可以確定這個受檢測的圖片中內含資料。

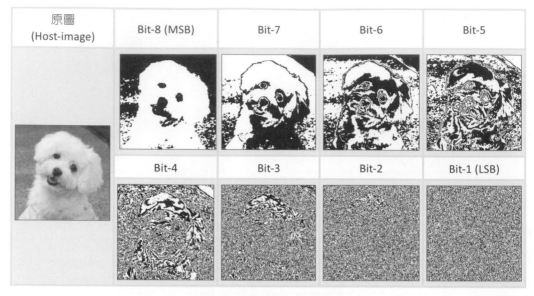

▶ 圖8-10 原圖的八張Bit-plane

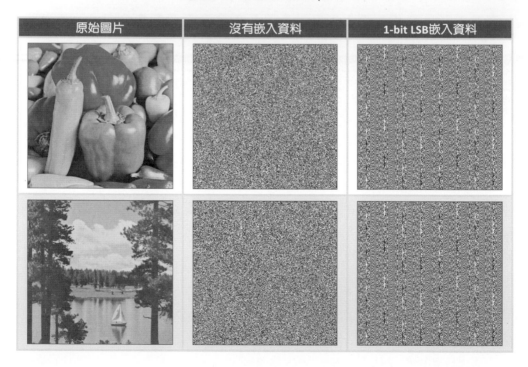

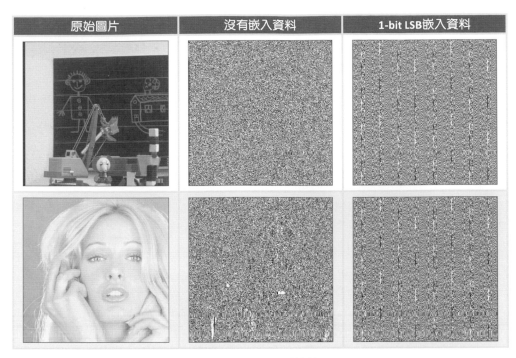

原始圖片	沒有嵌入資料	1-bit LSB嵌入資料

▶ 圖8-11 視覺檢測的結果

8.3 影像竄改技術

　　影像安全裡的竄改偵測工具與檢測工具二者的目的並不相同。檢測工具的目的是檢測圖片是否有資料蘊藏玄機。而竄改偵測工具的目的為檢測圖片是否有被動過手腳。當圖片有被動過手腳，則竄改偵測工具是否可以找出被動手腳的地方，又目前有許多技術已被發展出來做為偵測竄改工具，譬如：Wang和Chen在2007年發展了一種結合影像認證(此一部份是用來偵測影像是否被竄改過的)與影像還回(此一部份是移除被竄改過的影像)之技術。此一技術首先將影像切割為多數區塊，利用區塊映射(Block Mapping)技術來達成影像還回，以及運用每個區塊的局部特徵與全部特徵之對比作為一影像認證資料。當影像受到竄改時，利用萃取影像認證資料及搭配投票表決機制(Voting)的結果，就可找出影像被竄改的區域。現今圖片竄改的類型層出不窮，以下我們將介紹目前被用於圖片竄改的方式：

(1) **影像合成**(Composite)：從字面上的意義，就可以知道影像合成技術是將二張或二張以上不同的照片結合／疊合成一張圖片。通常影像合成技術會選一張圖片當作背景使用，而其他張圖片則被用來與背景合成。

(2) **貼上**(Copy)：在同一張圖片中，針對某部份進行修改、變造與掩蓋原圖片的內容，如圖8-12、圖8-13、圖8-14所示。

(3) **剪裁**(Cropping)：指直接將圖片中的某個部份直接刪除，此一方法與「貼上」的不同是圖片被刪除後，其圖片的內容會變小，如圖8-15所示。

(4) **影像處理**(Image Processing)：針對圖片的內容，利用一般影像處理工具進行調整，一般影像處理工具泛指雜訊、模糊、銳化、放大、縮小…等，如圖8-16所示。

(a)原始圖片

(b)竄改後圖片

❯ 圖8-12遭受竄改的Lena 圖片

(a)原始圖片

(b)竄改後圖片

❯ 圖8-13 遭受竄改的水果圖片

(a)原始圖片   (b)竄改後圖片

▶ 圖8-14 遭受竄改的禮物圖片

(a)原始圖片   (b)竄改後圖片

▶ 圖8-15 遭受竄改的沙灘圖片

(a)原始圖片   (b)用高斯雜訊竄改的圖片

▶ 圖8-16 遭受雜訊竄改的圖片

8.4 結語

　　本章介紹了影像安全裡的評估標準，讀者對於基本的影像評估的準則應有基本的認識。另外要能熟悉目前的檢驗資料嵌入的優劣，主要是利用檢測工具的偵測來驗證，如果無法被目前的檢測工具所偵測到，不代表圖片中的內含資料永遠都找不到一個合適的檢測工具。最後，我們介紹了坊間常用的影像竄改技術與影像偵測工具。從被竄改的圖片中，找出哪些地方被動了手腳。又影像偵測工具會隨著不同的影像竄改技術而有所不同，除本章所提的相關工具/技術外，我們亦可以思考還有哪些影像偵測工具能確確實實的找出被動過手腳的影像。

問題與討論

1. 一般使用PSNR來評估影像所受到的攻擊時，可以接受的PSNR值為多少。
2. 說明有哪些常用的圖片偵測工具。
3. 說明何謂TAF(Tamper Assessment Function)函數，與NC有何相異處。
4. 說明有哪些常用的圖片竄改方式。
5. 除了參考書所列影像評估工具外，試說明是否還有其他影像評估工具。

影像復原－有損式

導讀

資料嵌入是將重要特殊資料內建在感官觸媒中，使得人類的感官系統
無法直接的察覺到內建資料的存在，進而可以確保觸媒內的資料安
全。目前資料嵌入技術的研究日新月異，本章的目的主要在於了解資
料嵌入的技巧，藉由不同資料格式與技術的發展，探討資料嵌入的影
像處理與對原始影像/掩體的影響。

影像處理之資料內嵌是近幾年相當熱門的影像處理應用議題。目前依不同的資料格式產生了許多不同的方法，諸如：空間域、頻率域與壓縮域。當強調內嵌資料的強韌性不能輕易被移除時，通常會運用頻率域的方法來發展包裝技術。相對的，如果要強調在網路上能快速的傳送，一般而言，會運用壓縮域的方法來因應需求。以下我們將先探討在不同頻域下應該如何操作與實現各式應用。最後，再以實驗結果的輔助讓讀者了解各所得到的實質效益與應用價值。

9.1 空間域方法

空間域是一個最簡單也是目前最常用的基礎技術。它的概念將一張圖形當作是一個二維空間，而在這個空間內充滿了許多不同的單位，在這裡的單位指的是像素。通常像素會依不同的數值大小而呈現出不同的顏色，如圖9-1。以下我們將介紹幾種利用空間域的方式來實現影像資料內嵌。

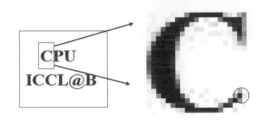

▶ 圖9-1 影像與像素概念

9.1.1 最不重要位元嵌入法(Least Substitution Bit, LSB)

說到空間域的技術，最基礎且最常見的技術就是「最不重要位元嵌入法」，簡稱為LSB(Least Significant Bit)。這個方法就是利用人類視覺對影像的輕微調整不敏感的特性，透過修改影像像素(Pixel)的位元組中最後的幾個位元(k-bits)來達到嵌入資料的目的。例如：一灰階影像圖中的像素值為163，其二進位可表示為：

$$\boxed{1010\,0011}$$

其中1010就是最重要的位元資料(Most Significant Bit, MSB)，0011則就是較不重要的位元資料(Least Significant Bit, LSB)。由於在影像處理中，若是改變MSB的話，人眼會比較容易察覺出差異；相對地，若改變是發生在LSB的話，人眼就比較察覺不出其差異。而要如何將機密資訊藏入呢？其實可以依使用者的需求做不同的選擇。最容易實作的方法就是將影像像素中的LSB的部份，全部由所要嵌入的二進位資料取代，即可達到嵌入的目的了。

範例 1

假設有一個二進位的資料為1010 0011，則經使用4-bits最不重要位元嵌入法後所獲得的新像素值為170，其二進位可表示為：

$$\underline{1010\boxed{1010}}$$

在圖9-2中，Baboon圖就嵌入了同樣約103Kb左右的ipscan.zip壓縮檔，在圖檔大小一樣的情形下，您用肉眼分辨出來這兩張圖的差異嗎？

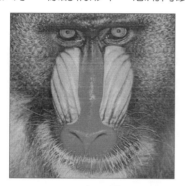
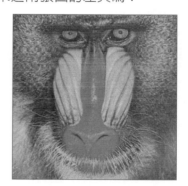

(a) 嵌入前   (b) 嵌入後

▶ 圖9-2 Baboon的資料嵌入前後影像品質

在表9-1中我們列出了不同位元取代後的結果，從表9-1中可以看出，當嵌入的位元愈多時，則影像品質(PSNR)會變差。舉例來說，原始像素值的最後三個位元為000，我們將嵌入三個位元111，由原始像素值的最後三個位元為000直接更改為111，因此，二個像素的MSE(Mean Square Error)為49(=$(7-0)^2$)。又傳統LSB嵌入法，由於其方法為直接用資料取代之，這個過程讓原始影像產生不協調的現象，亦即會產生一些痕跡，如圖9-3所示。圖9-3右圖為四個最不

重要位元嵌入法，從圖中可以看出嵌入後的平滑區(即肩膀)有不協調現象，因此，最不重要位元嵌入法不適於取代四個位元以上。

▶ 表9-1 利用LSB位元嵌入法所實驗的結果(db)

	K=1	K=2	K=3	K=4
Lean	51.1489	44.1551	37.9166	31.8122
Tiffany	51.1423	44.1501	37.8938	31.9252
Baboon	51.1349	44.1532	37.9408	31.8861
Airplane	51.1417	44.1463	37.9197	31.8424

註：K為使用了取代了K個最不重要的位元。

原圖

4-bits LSB

▶ 圖9-3 原圖與利用4-bits LSB嵌入的新圖

9.1.2 最佳位元調整策略(Optimal Pixels Adjustment Policy, OPAP)

有鑑於最不重要位元在影像品質及影像顯示上，皆呈現不佳效果，而最佳位元調整策略(又稱OPAP)的方法就是在解決最不重要位元嵌入法的影像品質。OPAP的方法就是將採用最不重要位元嵌入法後進行2^k調整。並且從三個情形中選擇最佳的影像品質，其選擇說明如下：

假設有一像素值為P，使用k-bit LSB的方法，並獲得偽裝像素值P'。另外若像素調整後的值為$P'_a=P'+2^k$與$P'_s=P'-2^k$。OPAP的選擇規則從P'_a、P'_s與P'中挑選最佳的：

條件1：$|P'_a-P|$為最小。

條件2：$|P'_s-P|$為最小。

條件3：$|P'-P|$為最小。

範例 2

假設一灰階影像圖中的像素值為160，其二進位可表示為：

$$P=1010\underline{0000}$$

假若有一二進位的機密訊息為1111，則經使用4 bits最不重要位元嵌入法後所獲得的新像素值為175，其二進位可表示為：

$$P'=1010\boxed{1111}$$

↓ (調整)

$$P'_a=10\boxed{11}1111(_{+2^4})191$$

$$P'_s=10\boxed{01}1111(_{-2^4})159$$

則

條件 1：$|P'_a-P|=|191-160|=31$。

條件 2：$|P'_s-P|=|159-160|=1$。

條件 3：$|P'-P|=|175-160|=15$。

則OPAP的方法會選擇條件2的P'_s當作新的像素值。從上述的例子中，可以了解倘若選擇最不重要位元嵌入法後，所獲得的前後像素差異值為15(如條件3所示)；而如果使用OPAP方法，則獲得的前後像素差異值為1(如條件2所示)，原本影像品質的損壞值從15減少為1，因此，有效的提升新影像的品質。表9-2也呈現出OPAP策略在不同位元嵌入法下所得到的實驗結果。從表9-1與表9-2中，OPAP方法大大的改善了新的影像品質，除此之外，它也改善了影像產生不協調的現象，如圖9-4所示，嵌入後的平滑區的痕跡已消失了。

◥ 表9-2 利用OPAP位元嵌入法所實驗的結果

	K=1	K=2	K=3	K=4
Lean	51.1489	46.3823	40.7053	34.8145
Tiffany	51.1423	46.3604	40.7331	34.8246
Baboon	51.1349	46.3741	40.7281	34.7549
Airplane	51.1417	46.3718	40.7361	34.7805

註：K為使用了取代了K個最不重要的位元。

原圖   4-bits LSB

◥ 圖9-4 原圖與利用4-bits LSB嵌入後的載體圖

9.1.3 像素差異值法(Pixel Value Differencing, PVD)

像素值差異法也是屬於另一種空間域的資料嵌入技術，其方法主要是利用量化表來決定要有多少個位元資料可以被嵌入，其中量化表的劃分方式有很多種情況，圖9-5只是其中之一種方式。在圖9-5的量化表中，R_I表示一個量化的區間，其範圍為[0, 7]，所以，區間範圍即為8。像素值差異法由Wu與Tsai所提出，這個方法的概念是將一張影像中的所有像素切割成兩兩一組，並且藉由每一組的像素差異值來決定此像素可以承載最大位元的改變量。

範例 3

　　假設有二個像素值X與Y，其像素值為100與117，若欲嵌入資料為101111000。首先計算二個像素的差異值D=|100-117|=17，接著，利用像素差異值D到量化表中，找出此一差異值D所屬於(落於)的區間，然後，再依據區間範圍的大小來決定承載多少位元，而D＝17剛好落於[8,23]區間，因此，這二個像素最大可承載「四」個位元($\lceil \log_2|23-8| \rceil$=4)。從嵌入資料中取出四個位元並轉成十進制的數值為11＝$(1011)_2$。接著再將此區間的最小值與資料轉換後的十進制數值相加，成為一個新的像素差異值D'＝11+8=19，再將D與D'的差異平均分配給二個像素值X與Y，而形成新的像素值X'與Y'，其計算式如下：

$$X' = X - \left\lfloor \frac{D'-D}{2} \right\rfloor = 100 - \left\lfloor \frac{19-17}{2} \right\rfloor = 99 \quad 與$$

$$Y' = Y + \left\lfloor \frac{D'-D}{2} \right\rfloor = 117 + \left\lfloor \frac{19-17}{2} \right\rfloor = 118。$$

其中，像素值差異法之資訊嵌入示意圖，如圖9-6所示。

　　從上述例子得知，像素的位元承載量決定於量化表區間範圍的設計，因此，在不同的量化表中，會獲得不同的嵌入效果。如果，將量化表的區間範圍距離加大，則會獲得較多的資訊承載位元，但是也會造成影像品質不佳的效果。相對的，將量化表的區間範圍距離變小了，則會產生較少的資訊承載位元，但是會讓影像品質變得更好。有鑑於此，為了達到理論與實務相符，我們引用了二個不同量化表的區間範圍情況，如表9-3所示，依據實驗結果的數據，恰巧與上述的情況相符。

R_1	R_2	R_3	R_4	R_5	R_6
[0,7]	[8,15]	[16.31]	[32,63]	[64,127]	[128,255]

❯ 圖9-5 量化表之示意圖

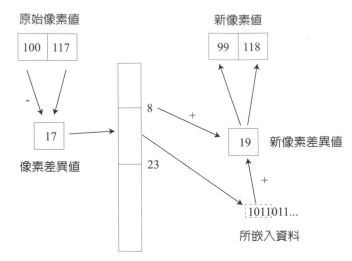

原始像素值

新像素值

量化表(從0至255)

▶ 圖9-6 像素值差異法之範例示意圖

▶ 表9-3 像素差異法的實驗結果

	量化表的區間範圍：8, 8, 16, 32, 64, 128		量化表的區間範圍：16, 16, 32, 64, 128	
	Capacity	PSNR	Capacity	PSNR
Lean	406,632	41.71	527,292	38.95
Tiffany	403,764	41.47	526,706	38.53
Baboon	437,806	39.14	535,046	37.23
Sailboat	415,554	37.36	529,429	37.59

9.2 壓縮域方法

　　說到壓縮域的技術，最直覺的方式為－VQ壓縮編碼(VQ Coding)。VQ壓縮編碼是利用人類視覺系統在可以接受容忍的範圍內，將影像進行失真壓縮的動作，提高壓縮率。其作法是將影像切割成m乘n大小的區塊，到編碼簿中找尋最相近的編碼字(Codeword)，其中每一個編碼字中有m乘n的向量，亦可稱m乘n的像素值，最後再輸出編碼簿中編碼字的索引值(Index)。而在VQ 壓縮編碼技

術中，其編碼後的輸出方式分二種：一為編碼後產生影像；另一種為編碼後產生字串(CodeStream)。由於影像編碼後產生Codestream的方式，並不符合資料嵌入的基本定義：不可察覺性(Imperceptibility)，所以我們不著重在這方面進行探討。以下，我們將介紹輸出以圖型為導向之向量量化資料嵌入技術。

在向量量化壓縮編碼技術中，最基本所使用的技術為編碼簿，將編碼簿中的碼(Codeword)分群，並依照欲嵌入的資料量來決定所輸出的編碼索引值。最後，將索引值內的碼視為像素值並且輸出其數值。一般而言，向量量化編碼主要分成編碼簿設計、向量量化編碼和VQ 嵌入三部分。而編碼簿設計、向量量化編碼這兩部份已在第四章：壓縮域中有詳細的介紹了，此處不再多加陳述。在此偏重於VQ嵌入，即如何將現有/已產生的向量量化後的編碼進行資訊隱藏技術。

在VQ嵌入的技術中，本節將介紹由Lu和Sun等人在2000年所發展的技術。他們的方法是將向量量化後的編碼索引值執行分群的動作，將一本編碼簿大小為512分成二群(G_1, G_2)，每一群總共有256個(=512/2)編碼字索引值，其分群方式如圖9-7所示，每群中編碼字的距離都非常接近。

範例 5

圖9-7的G_1群中的編碼字索引值44，與G_2群中的編碼字索引值43，其編碼字的歐基里德距離是最接近的。當影像在進行VQ編碼時，會在這些群中找尋最接近的編碼字，此時，根據機密訊息來決定在執行VQ編碼應該到哪群中找尋最接近的編碼字。接著，倘若嵌入位元為0，則在G_1群中尋找最接的編碼字，並輸出索引值。相對的，若嵌入位元為1，則在G_2群中尋找最接近的編碼字，並輸出索引值。在解碼取出資料時，只要在執行VQ解碼時，知道像素索引值屬於何群，就可解出原始資料。

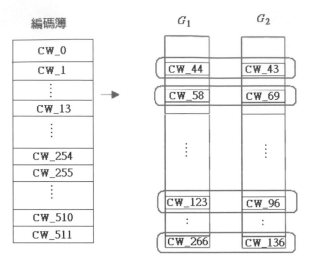

圖9-7 編碼簿的分群方式

9.3 頻率域方法

有別於直接將資料與像素值做結合的技術(亦稱空間域)，頻率域的技術就是將原始的像素值透過某個函數的轉換，之後再將資料嵌入至轉換後的係數上，再執行反向函數的轉換，即為此技術的重點。其中，函數的轉換又可區分為離散餘弦函數(DCT)、離散小波轉換(DWT)與離散傅利葉函數(DFT)。以下我們將說明如何在離散餘弦函數(DCT)和離散小波轉換(DWT)的轉換係數上實現資料嵌入的目的。

9.3.1 離散餘弦偽裝技術(DCT)

一張影像經過離散餘弦轉換後，會得到轉換後的高頻、中頻、和低頻係數(其頻率的轉換技術己於第三章頻率域中有詳細的介紹)。如果，有一張影像遭受小幅度修改後，再將此修改影像經過離散餘弦轉換後，此時，我們會發現修改前與修改後離散餘弦的低頻與中頻係數被改變的幅度很小；相對的，離散餘弦的高頻係數則變化很大。因此，我們可知當資料嵌入至低頻與中頻係數的區域中，可使資料較具有強韌性而不輕易被發現。以下我們將介紹如何在離散餘弦函數嵌入資料。

　　首先，我們將一張影像切割成 $m \times m$ 大小的區塊，將每一個區塊執行離散餘弦的轉換後其結果，稱為離散係數區塊。再從離散係數區塊的係數中選取出中頻係數值，組成一個操作區塊。圖9-8顯示為一個 8×8 的離散係數區塊，並從離散係數區塊中依序的取出中頻係數值。

　　再者，將所要嵌入的資料組成一個與中頻係數大小相同的機密區塊，並且將機密區塊的資訊嵌入至操作區塊與對應區塊之間的相對應係數中，而在嵌入的過程中，其區塊中相對應的係數應符合下列的條件：

條件1：當機密區塊中的數值為「0」時，則操作區塊的係數－前鄰區塊的係數 ≤ 0。

條件2：當機密區塊中的數值為「1」時，則操作區塊的係數－前鄰區塊的係數 > 0。

　　當全部操作區塊皆處理完畢後，將所獲得修改後的操作區塊回復至原係數區塊的係數值，之後，再執行反離散餘弦計算，即可獲得嵌入後的新像素值。

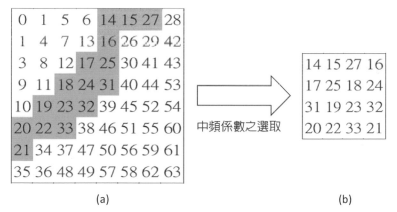

(a)　　　　　　　　　　　　　　　　　　　(b)

❯ 圖9-8　離散餘弦轉換中頻係數的取出

範例 5

假設有一個區塊經過離散餘弦轉換後，其係數如圖9-8(a)所示。然後，從離散餘弦的係數中取出中頻係數，當作一個操作區塊的係數，如圖9-8(b)所示。又已知一資料區塊與前鄰區塊的內容如圖9-9(a)所示。當要嵌入資料位元「0」，首先，找出操作區塊與前鄰區之對應係數為14與14。因資料位元為「0」，則須滿足操作區塊的係數－前鄰區塊的係數 之條件1。在此範例中，則滿足條件1 (因為14 － 14=0)，因此這個係數不需修改。繼續執行第二位元嵌入步驟，當嵌入機密訊息為「0」，且操作區塊與前鄰區之對應係數為17與15。因資料的嵌入須滿足條件1，在本範例中則為不滿足條件1(因為17 － 15>0)，因此這個係數須改為15(15 － 15=0)。然後，執行第三位元嵌入步驟，當嵌入資料位元為「1」，且操作區塊與前鄰區之對應係數為25與27。又因位元為「1」，則須滿足操作區塊的係數－前鄰區塊的係數 之條件2，在本範例中，則不滿足條件2 (因為25 － 27<0)，因此這個係數則需修改為28(28 － 27>0)。依此類推，將所有的資料區塊嵌入完成後，即完成了資料的嵌入步驟，結果如圖9-9(b)所示，其中圖9-9(b)灰色陰影表示係數已經修改過了。最後，再執行反離散餘弦計算，即可獲得幾乎一樣的影像圖。

　　資料取出的過程與嵌入過程相類似。在執行萃取的過程中所使用的區塊以偽裝後的圖形先執行離散餘弦計算後所獲得的。之後，再依據嵌入訊息過程所使用的條件1和條件2來決定機密訊息為何。

範例 6

經過離散餘弦轉換後，即可得到前鄰區塊(如圖9-9(a)所示)與操作區塊(如圖9-9(b)所示)。首先，找出第一個操作區塊與前鄰區之對應係數為14與14，因須滿足條件1之限制，即操作區塊的係數－前鄰區塊的係數 ，則可以得知機密訊息為「0」。繼續執行第二個操作區塊與前鄰區之對應係數之比較，因操作區塊與前鄰區之對應係數為15與15，則須滿足條件1之限制，因此，可以得知機密訊息為「0」。接著，執行第三個區塊係數之比較，因操作區塊與前鄰區之對應係數為28與27，則須滿足條件2之限制，因此，可以得知機密訊息為「1」。依此類推，比較完所有操作區塊與前鄰區之對應係數後，即可獲得全部的機密訊息。

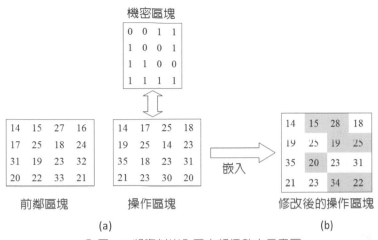

❯ 圖9-9 將資料嵌入至中頻係數之示意圖

9.3.2 離散小波偽裝技術(DWT)

　　離散小波轉換的原理是利用不同的濾波器來將空間域的訊號轉換成為頻率域的訊號，其中濾波器包括Haar Wavelet、Daubechies 與Gaussian 等。Harr離散小波轉換技術是最簡單也是最快速的方法，其方法是在數位影像中，將影像轉成各個區塊(或頻帶)表示不同頻率。其中影像中最重要的部份為L這個區塊(亦稱低頻帶)，較不重要的部份為H這個區塊(亦稱高頻帶)。而Harr小波技術又可將L區塊(低頻帶)再經第二階段或第三階段轉換劃分成較低頻和較高頻的區塊。就Haar轉換可分為水平轉換與垂直轉換，如圖9-10所示。

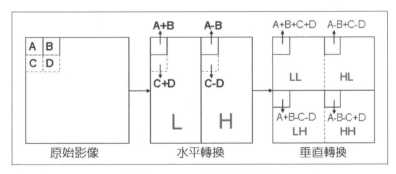

❯ 圖9-10 Haar小波轉換技術

一張數位影像經過Haar二階轉換後可得到四個區塊(頻帶)，包括：LL(亦稱低低頻帶)、LH(亦稱低高頻帶)、HL(亦稱高低頻帶)和HH(亦稱高高頻帶)。其中，LL區塊是較重要的區塊，如圖9-11所示。如果將資料嵌入至較重要的區塊中，則內建資料較具有強韌性。以下介紹將資料嵌入至Haar小波係數中之技術。

首先，我們先將一張影像利用Haar的二階小波轉換方法，將空間域的資訊轉變成了頻率域的資訊。其次選擇二個門檻值TH_1和TH_2，而TH_2必須大於TH_1，且TH_1必須大於$\alpha \times FC_{max}$，其α是一個常數，FC_{max}是指小波轉換係數中最大的係數。從整個小波係數FC_i中搜尋某些重要的係數IC_i，其中重要係數IC_i的絕對值必須小於TH_2且大於TH_1，即$TH_2 > |IC_i| > TH_1$。

將資料嵌入至重要係數IC_i中，而在嵌入的過程中，其重要係數與資料位元之間的關係應符合下列的條件：

條件1：當IC_i係數大於0且資料位元等於「1」時，則IC_i的係數值設定為TH_2。

條件2：當IC_i係數大於0且資料位元等於「0」時，則IC_i的係數值設定為TH_1。

條件3：當IC_i係數小於0且資料位元等於「1」時，則IC_i的係數值設定為$-TH_2$。

條件4：當IC_i係數小於0且資料位元等於「0」時，則IC_i的係數值設定為$-TH_1$。

當全部重要係數IC_i皆處理完畢後，將所獲得修改後的重要係數IC_i回復至原小波係數中FC_i之後，再執行反Haar小波計算，即可獲得偽裝後的像素值。

原圖

一階小波轉換

二階小波轉換

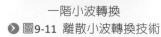
◆ 圖9-11 離散小波轉換技術

範例 7

　　假設 α 與二個門檻值 $TH_1 = 20$ 和 $TH_2 = 50$，且機密訊息為「10011」。有一個區塊經過離散小波轉換後，其小波係數如圖9-12所示。從小波係數中搜尋出重要係數 IC_i 的絕對值小於 TH_2 且大於 TH_1，即 $50 > |IC_i| > 20$，其搜尋方式是從低頻從高頻的方向尋找，如圖9-13，顯示三階Haar離散小波的示意圖，其尋找方式是從LL3區塊→HL3區塊→LH3區塊→HH3區塊→→HL2區塊→LH2區塊→HH2區塊，結果總共有5個重要係數 IC_i(i=1至 5)，依序為-34、-31、23、49、和47，如圖9-14之灰色背景所示。

	0	1	2	3	4	5	6	7
0	63	-34	49	10	7	13	-12	-7
1	-31	23	14	-13	3	4	6	1
2	15	14	3	12	5	-7	3	9
3	-9	-7	-14	8	4	-2	3	2
4	-5	9	-1	47	4	6	-2	2
5	3	0	-3	-2	3	-2	0	4
6	2	-3	6	-4	3	6	3	6
7	5	11	5	6	0	3	-4	4

❯ 圖9-12 影像經由離散小波轉換後之係數

❯ 圖9-13 三階*Haar*離散小波轉換的示意圖

	0	1	2	3	4	5	6	7
0	63	-34	49	10	7	13	-12	-7
1	-31	23	14	-13	3	4	6	1
2	15	14	3	12	5	-7	3	9
3	-9	-7	-14	8	4	-2	3	2
4	-5	9	-1	47	4	6	-2	2
5	3	0	-3	-2	3	-2	0	4
6	2	-3	6	-4	3	6	3	6
7	5	11	5	6	0	3	-4	4

> 圖9-14 搜尋重要係數IC_i之結果

　　讀取資料位元並嵌入至5個重要係數IC_i。當機密訊息「1」與$IC_1=-34$時，依據條件3，須將IC_1調整為-50。當機密訊息「0」與IC_2=-31時，依據條件4，須將IC_2調整為-20。當位元「0」與IC_3=23時，依據條件2，須將IC_3調整為20。當機密訊息「1」與IC_4=49時，依據條件1，須將IC_4調整為50。當位元「1」與IC_5=47時，依據條件1，須將IC_5調整為50。將所有的重要係數IC_i的資訊都嵌入完成後，即完成了資料位元的嵌入步驟，結果如圖9-15所示，其中14灰色陰影表示係數已經修改過了。最後，再執行反離散小波計算，即可獲得偽裝後的像素值。

　　取出資料位元的過程，必須知道二個門檻值TH_1＝20和TH_2＝50，然後尋找5個重要係數IC_i，其中掃瞄方式與資訊嵌入過程一樣，因此，我們依序可以獲得係數為-50、-20、20、50、50。接著，再依照嵌入過程中的四個條件來判斷資料位元的數值。第一個係數為-50，則符合了條件3，因此可以得知位元「1」。接著，第二個係數為-20，則符合了條件4，因此可以得知位元「0」。第三個係數為20，則符合了條件2，因此可以得知位元「0」。第四個係數為50，則符合了條件3，因此可以得知位元「1」。第五個係數為50，則符合了條件3，因此可以得知位元「1」。

	0	1	2	3	4	5	6	7
0	63	-50	50	10	7	13	-12	-7
1	-20	20	14	-13	3	4	6	1
2	15	14	3	12	5	-7	3	9
3	-9	-7	-14	8	4	-2	3	2
4	-5	9	-1	50	4	6	-2	2
5	3	0	-3	-2	3	-2	0	4
6	2	-3	6	-4	3	6	3	6
7	5	11	5	6	0	3	-4	4

> 圖9-15 嵌入機密訊息後之離散小波係數

　　頻率域的嵌入方式其優點為強韌性，而所謂「強韌性」是指影像圖雖經由影像處理工具，例如：裁剪、壓縮、銳利化、模糊化…等處理，仍然可以完整的萃取出較完整的資料內含值。因此，頻率域的技術通常被用應用在發展具強韌性的影像浮水印處理需求。

9.4 結語

　　資訊嵌入技術的主要目是強化資訊安全，目前已有許多新穎的嵌入技術一直持續被發展出。然而這些新穎的技術大都是從最基本的技術所改良或研發而成的，因此，我們建議讀者在了解新的技術時，應該先從最簡單與最基本的技術為出發點，從了解基本的技術後，進而再去深入了解新的嵌入技術。在本章中，我們介紹了不同資料格式之最基本的資訊嵌入技術，諸如：空間域、頻率域、與壓縮域，並且利引用範例的方式，讓讀者可以更清楚的了解資訊嵌入技術的操作。最後，我們再以實驗的模擬結果來呼應不同資料格式在影像處理應用之資訊嵌入技術的效能。

問題與討論

1. 說明資料嵌入技術所使用的資料格式種類。

2. 空間域除了最不重要嵌入位元法有哪些優點與缺點。

3. 說明有哪些以空間域為基礎的資料嵌入技術。

4. 說明除了利用LBG法產生向量量化編碼簿之外,產生新的編碼簿方式。

5. 說明有哪些以頻率域為基礎的資料嵌入技術。

6. 說明有哪些利用壓縮域所呈現的嵌入結果方式。

10

影像復原－無損式

導讀

隨著多媒體與影像處理應用的逐漸普遍，對於影像內容在資料嵌入前與取出後都要維持相同的品質。因此，影像復原(可逆式影像不失真復原)技術就格外的重要。從定義上來說，可回復式資料嵌入技術就是除了資料可以完整的取出外，還需要將原始影像的內容還原至最初未有資料的狀態。本章的目的從不同資料格式，探討影像處理不失真復原，讓讀者了解這些技術的基本知識。

不失真影像還原機制(即可復式資料嵌入)技術的發展為最近熱門的議題。資料嵌入技術一般使用空間域、頻率域與壓縮域來實現資料嵌入目的。而可回復式資料嵌入技術也可採用這些不同的資料格式來實現之。可回復式資料嵌入技術自2000年至今已有十餘年，在這期間有許多技術也陸續被發展出。在此章節中，我們將探討在不同領域下如何實現可回復式資料嵌入技術，再以呈現實驗結果來輔助讀者了解不同的技術所呈現的效益。

10.1 空間域方法

　　空間域的技術就是對一張圖形中的每一個像素值直接處理。一般而言，在空間域上發展可回復式資訊隱藏技術大致上分為二種方法，第一種為統計直方圖(Histogram)隱藏技術；另一種則為差異值擴展法。以下我們將分別介紹這二種方法：

10.1.1 統計直方圖隱藏技術(Histogram-Based)

　　統計直方圖顧名思義就是將影像中的每個像素值利用統計的方式，將統計後的結果以直方圖呈現。最後，再將資訊隱藏至直方圖(Histogram)中。最早有利用統計直方圖的方法實現可回復式原始影像的隱藏技術是由Ni等人在2006年所提出，其概念為修改像素直方圖中的數值。首先統計與分析圖形中所有像素值的分佈情形，並計算每個像素值的出現次數與繪製出一張像素值的統計直方圖。接著，再從統計直方圖中找出數量最多的像素點，稱為峰值點(Peak Point, P)，與出現次數為零的像素點，稱為零值點(Zero Point, Z)，如圖10-1所示。(註：因為每張圖形的像素值分散情形會依照圖形內容的特性有所不同，不一定所有的圖形都會有零值點。所以，可以找一個出現次數「最少像素點」當零值點；然而，為了要能完整的區分出零值點的像素值是屬於原來的零值點的像素值還是像素值經過移動後變成零值點像素值，因此，須用額外的訊息來標示(區分)之。)

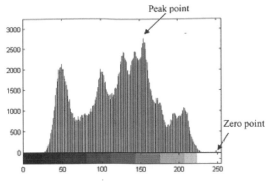

▶ 圖10-1 以Lena為圖形之像素點分佈情形

　　其次就將影像中所有像素值介於峰值點與零值點，即[*P+1, Z-1*]全部向右移位1個單位(若*P*大於*Z*，則[*P-1, Z+1*]向左移位1個單位)(此目的就是要讓峰值點的鄰近一個單位的像素點呈現空(Empty)的狀態)，圖10-2則為右移1單位。從圖10-2中，可以清楚的看出，峰值點的右邊1個單位則為空的，即*P+1*像素點。因此，有研究報告利用這個特性將機密訊息隱藏至峰值點，它們的方法就是所有像素值等於峰值點的數值時，並依照下列的條件嵌入機密訊息：

條件1：當機密訊息為「0」，則像素值不變。

條件2：當機密訊息為「1」，則像素值向左或向移位1個單位。

　　當所有的像素值處理完畢後，即完成了機密訊息隱藏的步驟。在解碼與還原的過程，除了在解碼過程中須知道峰值點與零值點之外，其餘的步驟與機密訊息隱藏很類似。

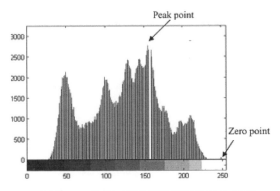

▶ 圖10-2 位移1個單位後像素點分佈情形

範例 1

　　假設有一個掩護影像圖如圖10-3所示，且嵌入資料為「1010111」。首先，利用分析與統計像素值的分佈情形，並以直方圖的方式呈現，如圖10-4所示。從圖10-4中，其個數可以找出最多個數有七個，其峰值點為3與零值點為6。其次是將所有的像素值介於[4, 6]區間內向右移1個單位，即[5,7]，其結果如圖10-5所示。位移後像素值的分佈情形如圖10-6所示。最後將所有的資料嵌入所有像素值等於峰值點3時。「1010111」的位元串中，第一個位元為「1」，嵌入至第一個為3的像素值中。因為位元為1，則從條件2中知道，第一個為3的像素值須向右移1個單位，即像素值由3修改成4。而第二個位元為「0」，嵌入到第二個為3的像素值中。又因為位元為0，則從條件1中知道，像素值保持不變。第三個位元為「1」，嵌入到第三個為3的像素值中。因為位元為1，則從條件2中知道，第三個為3的像素值須向右移1個單位，即像素值由3修改成4。依此一方式類推，將第i個位元，嵌入至第i個峰值點像素值，之後再判斷位元為0或1，以決定像素值是向右/向左移動還是保持不變。將所有的位元皆完全嵌入後，即表示完成資料的嵌入程序，經調整後的像素值與直方圖分佈情況，如圖10-7與圖10-8所示。

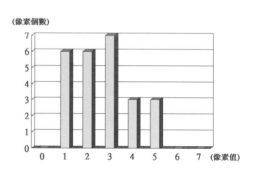

◗ 圖10-3 原始影像　　　　　　　　　◗ 圖10-4 原始影像的直方圖

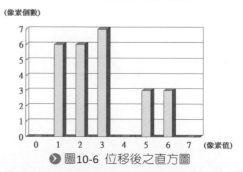

◗ 圖10-5 位移後之影像像素值　　　　◗ 圖10-6 位移後之直方圖

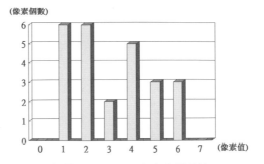

❷ 圖10-7 嵌入後影像的像素值　　　　❷ 圖10-8 圖10-7之直方圖分佈

在解碼與還原原始影像的過程中，我們須知道峰值點和零值點的資訊。承上例，將新的嵌入後影像利用分析與統計像素值的分佈情形，並以直方圖的方式呈現，如圖10-8所示又已知峰值點為3與零值點為6。首先，依序掃瞄所有的像素值，並依照下列的條件進行解碼與還原像素值：

條件1：像素值為3 或像素值為4，則進行資料取出與像素值還原。當像素值為3則取出位元為「0」，且像素值不須更動；當當像素值為4則取出位元為「1」，且像素值更動為峰值點3。

條件2：像素值落於[5,6]區間內，則進行像素值還原動作，將像素值向左或向右移動，其中移動的方向與資料嵌入時呈反方向。以此例而言，因為在資料嵌入為向右移，即像素值增加1單位；在解碼階段，則需向左移，即像素值減少1單位，即將像素值落於[5,6]區間還原成像素值落於[4,5]區間。

條件3：像素值皆不屬於條件1和條件2時，代表像素值沒有變動過，所以，不須處理，執行下一個像素值。

表10-1列出不同的影像利用Ni等人的方法，其偽裝後的影像品質與資料負載度。從表10-1中，可以清楚的看出其資料負載度皆不大，其主要的原因是Ni等人是將資料嵌入至峰值點中，因負載度的大小會被峰值點的個數所侷限住。如果要能提昇資料負載度，就必須打破峰值點的侷限或是儘可能的增加峰值的點的個數。當然，在往後的研究中，亦皆發現這個關鍵因素，且進行改進地提昇資料負載量度。

◗ 表10-1 Ni等人的實驗結果

原始影像	影像品質(PSNR)	資料負載度(bpp)
Lena	48.2	0.022
Tiffany	48.2	0.034
Airplane	48.7	0.229
Baboon	48.2	0.021

10.1.2 差異擴展法 (Difference Expansion, DE)

　　另一種在空間域上發展可回復式無失真影像還原技術為差異擴展法。差異擴展的概念將二像素的差異值擴展後再加入機密訊息，此方法是由Tina於2003年所提出。差異擴展法能夠嵌入大量資料，也用了門檻值T來控制影像的失真度。Tina的方法為計算二個像素的差異值後，其差異值擴展2倍後再嵌入資料。這個方法是用二個像素值來嵌入一個資料位元。因此，其資料負載度為0.5bpp(1 bit的機密訊息嵌入至2個像素值，即1/2=0.5)。但是，在某些情況下，需要再額外的記錄一些資訊做為還原原始像素使用，因此，真正的資料負載度會比0.5bpp還要較小。有鑑於資料負載度非常小，為了要增加資料負載度，可以對相同的影像進行多層(Multi-layer)的資料嵌入動作(即重覆的執行多次差異擴展演算法)，相對的，若多層次嵌入資料時，也會造成爾後影像的品質愈來愈差(因差異擴展法會一直增加像素值間的差異)。

　　Tina的方法中，若嵌入訊息為m，首先將二個相鄰的像素當做為一個像素群組(Pixel Group)，並計算二個像素的差異值d和整數平均數l。之後，依照下列的條件判斷像素群組是屬於哪一種類：

條件1：$|2 \times d + m| \leq \min(2 \times (255 - l), 2l + 1)$，其中$m \in [0,1]$。

條件2：$|2 \times \lfloor \dfrac{d}{2} \rfloor + m| \leq \min(2 \times (255 - l), 2l + 1)$，其中$m \in [0,1]$。

　　如果像素群組(Pixel Group)滿足條件1，則稱為像素可擴展(Expandable)；如果像素群組(Pixel Group)滿足條件2，則稱為像素可改變(Changeable)；如果像素群組(Pixel Group)皆不滿足條件1和條件2，則稱為像素不可改變(Non-Changeable)。註：像素群組會先判定是否滿足條件1；若不滿足條件1的規則，

則再判定是否滿足條件2的規定，依此類推。換言之，每一個像素群組會找到一組對應的條件。

　　接著，再將資料嵌入「像素可擴展」與「像素可改變」群組中。又資料嵌入的方式就是將新差異值d'平均分給二個像素，其中就「像素可擴展」而言，新的差異值為二個像素的差異值d擴展二倍後的再加上所考慮的嵌入資料。因Tina為了提昇嵌入資料後的影像品質，利用了一個門檻值T來控制新的影像品質。

　　依照前面所描述的方式，這種嵌入訊息的方法還需要一個對照表(Location Map)，這個對照表是用來記錄那些像素群組是否有嵌入資料的情況，如果像素群組是屬於可嵌入的，則記錄「0」；反之，像素群組是屬於不可嵌入的，則記錄「1」。最後，為了完全嵌入所有的資料，將對照表壓縮後，連同資料一起依演算法嵌入至影像媒體中。

範例 2

　　有一像素群組$(X, Y)=(20, 18)$，且欲嵌入機密訊息$m=1$。首先計算差異值$d=|X-Y|=|20-18|=2$和整數平均數$l=\left\lfloor \dfrac{X+Y}{2} \right\rfloor=\left\lfloor \dfrac{20+18}{2} \right\rfloor=19$。接著，計算嵌入訊息後新的差異值$d'=2\times d+m=2\times 2+1=5$，並判定此像素群組為像素可擴展($|2\times 2+1|\leq \min(2\times 255-19),2\times 19+1)=5\leq \min(472,39))$。最後載體影像像素值$X'=l+\left\lfloor \dfrac{d'+1}{2} \right\rfloor=19+\left\lfloor \dfrac{5+1}{2} \right\rfloor=22$和$Y'=l-\left\lfloor \dfrac{d'}{2} \right\rfloor=19-\left\lfloor \dfrac{5}{2} \right\rfloor=17$。

　　至於如何取出訊息與還原像素值，首先，計算像素群組的差異值$d'=|X'-Y'|=|22-17|=5$和整數平均數$l=\left\lfloor \dfrac{X'+Y'}{2} \right\rfloor=\left\lfloor \dfrac{22+17}{2} \right\rfloor=19$。接著，計算出資料位元$m=d' \bmod 2=5 \bmod 2=1$和原始差異值$d=\left\lfloor \dfrac{d'}{2} \right\rfloor=\left\lfloor \dfrac{5}{2} \right\rfloor=2$，最後再還回像素為原始像素值$X=l+\left\lfloor \dfrac{d+1}{2} \right\rfloor=19+\left\lfloor \dfrac{2+1}{2} \right\rfloor=20$和$Y=l-\left\lfloor \dfrac{d}{2} \right\rfloor=19-\left\lfloor \dfrac{2}{2} \right\rfloor=18$。

　　從上述的例子中，像素的位元負載量只有0.5 bpp，但實際的負載量0.5 bpp會比還回的更小。為了提昇較大的負載量，我們採用多重(Multi-layer)嵌入方法，先使用水平的方式分割像素群組，之後，再採用垂直方式分割像素群組，

依此類推。舉例來說，有一原始區塊其像素值為圖10-9(a)所示，首先，利用水平的切割方式，得到2組像素群組：(153, 152)與(151, 150)。又嵌入位元為01，運用差異擴張法後，可獲得偽裝像素群組(153, 151)與(152, 149)，如圖10-9(b)所示。接著，將圖10-9(b)的結果利用垂直的切割方式，得到2組像素群組：(153, 152)與(151, 149)。又嵌入位元為11，運用差異擴張法後，可獲得偽裝像素群組(154, 151)與(153, 148)，如圖10-9(c)所示。

我們以「Lena」為掩體影像圖，並使用Tina的多層嵌入方式其結果，如表10-2所示。從表10-2可知，其位元負載量也持續的增加，但影像品質也劇烈的下降中，這個原因是像素間的差異值因Tina採用擴張的方式來實現資料嵌入，導致像素間的差異值一直在增大，且增大的幅度是愈來愈大。

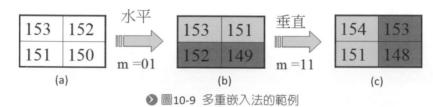

❥ 圖10-9 多重嵌入法的範例

❥ 表10-2 以「Lena」為圖形去執行文獻裡Tina的實驗結果

影像品質 (PSNR)	44.2	41.55	37.66	34.8	32.51	29.43	23.99	16.47
負載量 (bpp)	0.151	0.321	0.460	0.671	0.847	0.992	1.441	1.971

10.2 壓縮域方法

本節我們將介紹壓縮域的不失真影像回復方式。壓縮域的處理方式一般以向量量化碼為主。一般而言，在壓縮域中的輸出方式可有產生影像和產生字元(Code Stream)等二種方式。因此，在壓縮域中實現可回復式技術，指的是將嵌入資料後的狀態還原至未嵌入前的狀態。在VQ 壓縮編碼技術中，有「編碼後產生影像」以及「編碼後產生字元(CodeStream)」二種編碼後的輸出方式。以下，我們將介紹這二種編碼技術。

一、圖型為導向之向量量化

在介紹前，我們先說明「邊緣吻合向量量化編碼法」(Side Match Vector Quantization, SMVQ)。邊緣吻合向量量化編碼法是利用已知的相鄰區塊來改善 VQ壓縮比率，其作法就是將一張影像分為多個區塊，其中第一行與第一列的區塊稱為「種子區塊」，其餘的區塊則稱為「剩餘區塊」，如圖10-10所示。

「種子區塊」的編碼則是利用傳統的VQ編碼，從編碼簿中挑選出最接近的編碼字(Codeword)。「剩餘區塊」則從子編碼簿中挑選出最接近的編碼字，其中子編碼簿的組成是從編碼簿中由使用者選出一些編碼字並做排序。在進行「剩餘區塊」編碼的時候，會利用鄰近區塊的資訊來當作剩餘區塊的資訊，其區塊的示意圖如圖10-11所示。假設對剩餘區塊(X)進行編碼，則剩餘區塊(X)中的像素值會依照鄰近區的像素值進行預測編碼，即剩餘區塊中X_1的預測像素值為$X_1 - \dfrac{U_{13} + L_4}{2}$，$X_2$的預測像素值為$U_{14}$，$X_3$的預測像素值為$U_{15}$，$X_4$的預測像素值為$U_{16}$，$X_6$的預測像素值為$L_8$，$X_9$的預測像素值為$L_{12}$，$X_{16}$的預測像素值為$L_{16}$。最後，再將此七個預測的像素值 $\{X_1 \cdot X_2 \cdot X_3 \cdot X_4 \cdot X_6 \cdot X_9 \cdot X_{16}\}$ 至子編簿中找尋最接近的編碼字，並輸出索引值(Index)，此一索引值即為利用SMVQ所編碼的結果。

❯ 圖10-10 SMVQ編碼之區塊類型

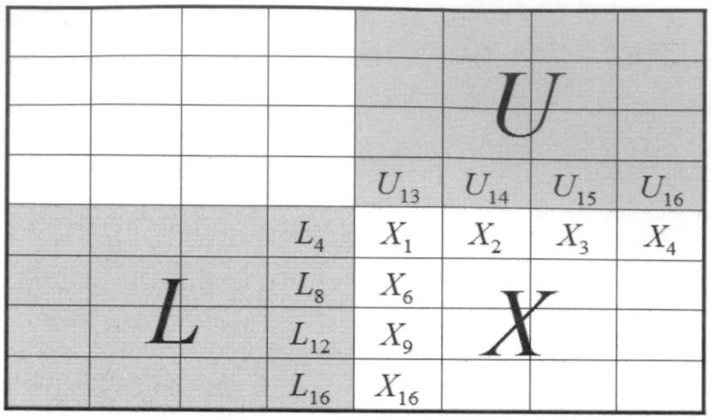

▶ 圖10-11 SMVQ編碼法之區塊編碼意示圖

接下來我們引用Yang等人在2011年所提出的方法來說明如何從VQ編碼的影像圖執行無失真技術。其概念主要是利用邊緣吻合(Side-match)向量量化編碼方式，從原始編碼簿中切割出多本子編碼簿(Sub-codebook)，而每本子編碼簿都有其對映的編碼字，再將訊息透過子編碼簿來做資料嵌入，最後，輸出對映的編碼字。該方法主要分為二個部份，其說明如下：

第一部份為子編碼簿(Sub-codebook)設計。首先，設定每個子編碼簿的大小為16個編碼字，之後每個區塊利用邊緣吻合向量量化的方式進行編碼，從原始的編碼簿中挑選16個最接近區塊的編碼字放置第一本子編碼簿中，其中所謂「16個最接近的編碼字」，就是利用歐基里德的方法去計算區塊與原始編碼簿中的每一個編碼字的距離，接著，再從這些計算後的距離中挑選出16個最接近的編碼字。之後，再從原始編碼簿剩下的編碼字中再挑選16個最接近的編碼字。例如：有一本原始編碼簿的大小為64個編碼字所組成，在第一本子編碼簿，已從原始編碼簿64的大小編碼字中挑選出了16個最接近的編碼字，之後，第二本子編碼簿，就從原始編碼簿剩下的48(=64-16)個編碼字中挑再選出了16個最接近的編碼字。以此類推，將原始編碼簿劃分為多個內容有16個編碼字的子編簿，其中子編碼簿的個數n=編碼簿的索引值/16。

範例 3

有一本具有512編碼字的編碼簿，總共可以劃分成32(32=512/16)本子編碼簿，即編碼簿S_0、S_1、S_2、$\cdots$、S_{31}，如圖10-12所示，其中子編碼簿S_0中的編碼字索引值44與子編碼簿S_1中的編碼字索引值43是相互對映(Mapping)的，其中，

所謂「對映」是指在子編碼簿S_i中第n個編碼字索引值對映到子編碼簿S_{i+1}中第n個編碼字索引值，舉例來說，編碼字索引值44是在子編碼簿S_0中的第7個編碼字而對映到子編碼簿S_1中的第7個編碼字索引值為43；對同的道理，子編碼簿S_2中第2個編碼字索引值13則是對映到子編碼簿S_3中的第2個編碼字索引值為15、子編碼簿S_{30}中的第15個編碼字索引值73則是對映到子編碼簿S_{31}中的第15個編碼字索引值為85。

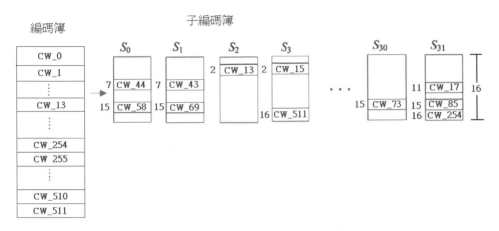

● 圖10-12 劃分32本子編碼簿的範例

　　第二個部份即進行資料之嵌入程序；其作法就是將資料位元依條件嵌入至剩餘區塊編碼後的索引值所屬於子編碼簿S_0中，並依照下列的條件，輸出藏完訊息後的索引值：

條件1：機密訊息為「0」，則輸出子編碼簿S_0中索引值。

條件2：機密訊息為「1」，則輸出子編碼簿S_1中索引值。

　　假如剩餘區塊編碼後其索引值不屬於子編碼簿S_0中，則代表此一區塊不隱藏任何訊息，則尋找下一本子編碼簿所對映的編碼字當成輸出索引值，舉例來說：剩餘區塊編碼後其索引值屬於子編碼簿S_5中，則輸出子編碼簿S_6中所對映的編碼字索引值；相同的道理，若剩餘區塊編碼後其索引值屬於子編碼簿S_{30}中，則輸出子編碼簿S_{31}中所對映的編碼字索引值。當剩餘區塊編碼後其索引值屬於最後子編碼簿S_{31}時，就需要使用額外的資訊來記錄來區別編碼後索引值是屬於原始最末端的子編碼簿，還是從末端的前一本子編碼簿子編碼簿中所對映

的，此一額外的資訊就稱為Hit Pattern。舉例來說，請見圖10-12，如果有一剩餘區塊編碼後其編碼字索引值13，而這個編碼字索引值落於子編碼簿S_2中，表示此一區塊無法嵌入資料，且輸出在子編碼簿S_3中的所對映字索引值，以相同的方式去處理，當所有的剩餘區塊皆已經處理完畢後，並將所有的編碼字索引值輸出成一載體影像。

範例 4

我們將用圖10-13的範例來說明。假設有一本大小為512的編碼簿，其資料為「01」，與一張具有12個區塊的掩護影像，如圖13(a)所示，其中第一行與第一列為種子區塊(如圖中灰階背景)，其餘的區塊則為剩餘區塊。而編碼簿的設計，是由一本原始編碼簿為512大小，劃分為32本大小為16的子編碼簿S_i，i=0~31，其結果如圖10-13(b)所示。因為此一技術採用邊緣吻合向量量化技術編碼，所以第一行與第一列則不進行編碼。若第一個區塊用邊緣吻合技術編碼後編碼字索引值為13，編碼字索引值落在S_2子編碼簿中，且依照資料嵌入規則，我們知道這個區塊無法嵌入資料，且必須找下一本子編碼簿S_3中找與編碼字索引值13所對映的編碼字索引值當作輸出值，從圖10-13(b)中可看出編碼字索引值13是子編碼簿S_2中第2個編碼字，因此，須輸出子編碼簿S_3中第2個編碼字索引值15。

第二個區塊用邊緣吻合技術編碼後其編碼字索引值為44，而這個索引值恰好屬於S_0子編碼簿中，因此，依照資料嵌入規則，這個區塊為可以嵌入資料的區塊，又資料位元為「0」，剛好符合嵌入規則的條件1，則輸出子編碼簿S_0中編碼字索引值44。

接著，第三個區塊用邊緣吻合技術編碼後編碼字索引值為58，而這個編碼字索引值屬於S_0子編碼簿中，因此，這個區塊是可以被嵌入資料，又資料位元為「1」，剛好符合嵌入規則的條件2，則輸出子編碼簿S_1中與編碼字索引值58所對映的編碼字索引值69。

第四個區塊用邊緣吻合技術編碼後，這個編碼字索引值落在S_{31}子編碼簿中，也是最後一本子編碼簿，依照資料嵌入規則，我們知道此區塊無法嵌入資料且會產生額外的資訊以記錄/區分編碼字索引值是屬於原來的編碼字索引值

還是經過資料嵌入後所變動後的編碼字索引值。對於編碼字索引值17是原本落於最後一本子編碼簿S_{31}，則輸出原始的編碼字索引值17且產生一個位元的額外資訊Hit Pattern為「1」。

第五個區塊用邊緣吻合技術編碼後，這個編碼字索引值73落在子編碼簿S_{30}中第15個編碼字，依照資料嵌入規則，這是最後一本子編碼簿的前一本，又這個區塊無法嵌入資料與須要額外的資訊，因此，需到子編碼簿S_{31}中找出第15個編碼字索引值為85且需要再產生一個位元的額外資訊Hit Pattern為「0」。

第六個區塊用邊緣吻合技術編碼後，而這個編碼字索引值落在S_{31}子編碼簿中，也因S_{31}是最後一本子編碼簿，我們知道這個區塊無法嵌入資料且須要額外的資訊，因此，則輸出原始的編碼字索引值為85且產生一個位元的額外資訊Hit Pattern為「1」。最後，產生新索引值並輸出成掩體影像，以及產生3位元的額外資訊Hit Pattern為「101」。

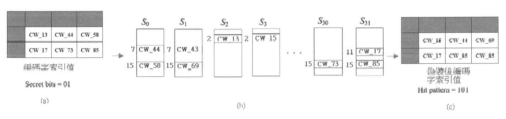

編碼字索引值

Secret bits = 01

(a)　(b)　隱藏後編碼字索引值　Hit pattern = 101　(c)

● 圖10-13 資訊藏入範例圖

範例 5

在取出機密與還原編碼字索引值階段中，其方式與機密訊息嵌入階段方法相同。子編碼簿的設計與資訊嵌入階段相同，將一本原始編碼簿為512大小，劃分為32本大小為16的子編碼簿，如圖10-13(b)所示。在解碼與還原的階段中，第一行與第一列的區塊為種子區塊，故在解碼階段不做作何的操作，唯有在剩餘區塊中才去執行資料的取出與對編碼字索引值做還原操作。

第一個剩餘區塊用邊緣吻合向量量化技術編碼後其編碼字索引值為15，又此索引值落於子編碼簿S_3中第2個編碼字，依照資料取出規則，我們知道此一區塊沒有嵌入資料，且須將落在子編碼簿S_3中的編碼字索引值還原，而還原的規則，就是到前一本子編碼簿S_2中尋找其對映的編碼字索引值，從圖10-13(b)

中子編碼簿S_2中第2個編碼字索引值13。

第二個剩餘區塊用邊緣吻合向量量化編碼後編碼字索引值為44，而這個編碼字索引值落在S_0子編碼簿中，依照機密訊息取出規則，可取出藏入資料位元「0」，且不用變動，直接輸出編碼字索引值作為還原的編碼字索引值。

第三個剩餘區塊用邊緣吻合向量量化編碼後其編碼字索引值為69，而這個索引值落在S_1子編碼簿中第15個編碼字，依照資料取出規則，則可取出嵌入資料位元「1」，並將落在子編碼簿S_1中的編碼字索引值還原成子編碼簿S_0中尋找其對映的編碼字索引值，從圖10-13(b)子編碼簿S_0中可找出還原編碼字索引值為58。

第四個剩餘區塊用邊緣吻合向量量化編碼後編碼字索引值為17，而這個編碼字索引值剛好落在最後一本S_{31}子編碼簿中，依照資料取出規則，代表此一區塊沒有嵌入資料且還須利用額外的資訊Hit Pattern來還原其原始索引值，依照資料取出規則，額外的資訊 Hit Pattern為「1」，則表示編碼字索引值無須做任何的變動直接輸出編碼字索引值作為還原的編碼字索引值。

第五個剩餘區塊用邊緣吻合向量量化編碼後其編碼字索引值為85，而這個編碼字索引值落在最後一本S_{31}子編碼簿中第15個編碼字，且額外的資訊 Hit Pattern為「0」，則表示這個編碼字索引值是由前一本子編碼簿中變動而來的，因此須從子編碼簿S_{30}中尋找其對映的編碼字索引值，從圖10-13(b)子編碼簿S_{30}中第15個編碼字找出還原編碼字索引值為73。

第六個剩餘區塊用邊緣吻合向量量化編碼後其編碼字索引值為85，而這個編碼字索引值剛好落在最後一本S_{31}子編碼簿中，依照資料取出規則，代表此一區塊沒有嵌入資料且還須利用額外的資訊Hit Pattern來還原其原始索引值，依照資料取出規則，額外的資訊 Hit Pattern為「1」，則表示編碼字索引值無須做任何的變動，直接輸出編碼字索引值作為還原的編碼字索引值。

從表10-3中可以看出，每一張掩體影像圖的資料負載量是固定的，唯有載體影像的品質與額外資訊Hit Pattern的長度會因為邊緣吻合向量量化技術門檻值(TH)的不同而有所變化。當門檻值(TH)愈小時，則表示在進行子編碼簿的設計時，編碼字會比較集中在較前面的子編碼簿中，且愈到後面的子編碼簿中編

碼字的差異會變得更大，所以，影像品質會較好但是需較多的額外空間來記錄額外資訊Hit Pattern。相對的，當門檻值愈大時，則表示在進行子編碼簿的設計時，編碼字的差異會比較平均，所以，影像品質會較差，且僅需較少的額外空間來記錄額外資訊Hit Pattern，因此，當門檻值(TH)愈大時，則額外資訊Hit Pattern長度愈小，反之，當門檻值(TH)愈小時，則額外資訊Hit Pattern長度愈大，這個現象也剛好跟實驗結果的呈現相呼應。

▶ 表10-3 Yang等人的實驗結果

		Lena	Baboon	Sailboat	Airplane
TH=90	PSNR	31.247	24.302	28.899	29.934
	負載量(Bit)	12665	6242	11624	12395
	Hit Pattern(Bit)	7539	5060	9509	10023
TH=100	PSNR	30.953	24.242	28.752	29.689
	負載量(Bit)	12665	6242	11624	12395
	Hit Pattern(Bit)	5862	4442	8407	8870
TH=150	PSNR	29.937	23.870	27.863	28.834
	負載量(Bit)	12665	6242	11624	12395
	Hit Pattern(Bit)	2324	2879	3171	6104

二、「CodeStream」為導向之向量量化

向量量化編碼的另一種型態為輸出一連串的字元，亦稱為CodeStream。當接收端收到這一串CodeStream時，利用相同的編碼簿並解碼後，即可獲得機密的訊息。此部分我們介紹Lu等人於2009年所發展的向量量化編碼技術，將資料嵌入至編碼字索引值(Index)中。該作法主要包含二個階段：編碼簿的前置處理與資料處理。編碼簿的前置處理是將編碼簿中的編碼字進行排序，並進行向量量化編碼，其前置處理主要的目的是將相近編碼字集中在一起。接著，利用相鄰的編碼字索引值進行資料嵌入處理。

當資料欲嵌入至編碼字索引值時，第一行的編碼字索引值與最左邊列與最右邊列的編碼字索引值皆不考慮處理。換句話說，就是將資料從第二行第二列開始嵌入。在嵌入的過程中，首先，要先找出欲處理的編碼字索引值I_{curr}與其4

個相鄰的編碼字索引值(I_l、I_{lu}、I_u、I_{ru})，並對其4個相鄰的編碼字索引值用2位元進行編碼當作每一個編碼字索引值的標記(Flag)，其結果如圖10-14所示。接著，去計算4個相鄰的編碼字索引值的平均數I_m與4個相鄰的編碼字索引值與平均數的差異值d_l、d_{lu}、d_u、d_{ru}，其中，$I_m = \lfloor (I_l + I_{lu} + I_u + I_{ru})/4 \rfloor$，$d_l = | I_l - I_m |$、$d_{lu} = | I_{lu} - I_m |$、$d_u = | I_u - I_m |$、$d_{ru} = | I_{ru} - I_m |$。

其次，判斷此4個差異值(d_l、d_{lu}、d_u、d_{ru})是否皆相同；如果皆相同，則表示I_{curr}是無法被用來嵌入資料，並從相鄰的4個編碼字索引值中挑選出一個索引值作為一鄰近索引值I_{clos}，並且輸出2個位元的索引值標記；反之，從4個差異值挑選出差異值2個最小的差異值(d_{min}、d_{min2})，並依據資料來決定鄰近索引值I_{clos}，若機密訊息為「1」，則鄰近索引值$I_{clos} = d_{min}$；若資料位元為「0」，則鄰近索引值$I_{clos} = d_{min2}$。接著計算索引差異值$dI = (I_{curr} - I_{clos})$，並設定一個整數值$S$，來控制輸出CodeStream的長度。接著從下列的條件中，挑選出其輸出值CodeStream的格式。

若機密訊息為「1」，則

條件1：$0 \leq dI \leq 2^S - 1$，則輸出的CodeStream為「$\text{Flag}^1 || 11 || (dI)_2$」。

條件2：$-(2^S - 1) \leq dI \leq 0$，則輸出的CodeStream為「$\text{Flag}^1 || 10 || (-dI)_2$」。

條件3：$dI > 2^S - 1$，則輸出的CodeStream為「$\text{Flag}^1 || 01 || (dI')_2$」。

條件4：$dI < -(2^S - 1)$，則輸出的CodeStream為「$\text{Flag}^1 || 00 || (dI')_2$」。

若機密訊息為「0」，則

條件5：$0 \leq dI \leq 2^S - 1$，則輸出的CodeStream為「$\text{Flag}^2 || 11 || (dI)_2$」。

條件6：$-(2^S - 1) \leq dI \leq 0$，則輸出的CodeStream為「$\text{Flag}^2 || 10 || (-dI)_2$」。

條件7：$dI > 2^S - 1$，則輸出的CodeStream為「$\text{Flag}^2 || 01 || (d'I)_2$」。

條件8：$dI < -(2^S - 1)$，則輸出的CodeStream為「$\text{Flag}_2 || 00 || (-dI')_2$」。

其中，Flag^1和Flag^2表示為二種不一樣的編碼字索引值標記編碼，Flag^1代表最接近I_m的2個位元的索引值標記，Flag^2代表第二接近I_m的2個位元的索引值標記；$(dI)_2$則將dI值轉換為二進制的格式；$(dI')_2$將dI值轉換為二進制的

格式，唯一比較特別的是$(dI')_2$轉換二進制後的長度是固定，且其長度大小為$leng=\lfloor \log_2 N \rfloor$，其中$N$是Codebook的大小。

I_{lu} (01)	I_u (10)	I_{ru} (11)
I_l (00)	I_{curr}	

▶ 圖10-14 鄰近編碼字索引值的編碼示意圖

　　在解碼階段的過程中，CodeStream扮演著非常重要的角色。當接收方收到CodeStream時，從CodeStream取出前置的2個位元作為判斷索引值標記的資訊，從判斷索引值標記後的結果，就可知悉是否有無資料被嵌入至此。如果沒有，則往後再取出前置的2個位元再做判斷；反之，若有，則依照其固定的長度與格式，從後續的CodeStream中取出固定的位元數並對這些位元執行解碼動作，即可解出資料。一直重覆這些步驟，當將所有的CodeStream解碼後，就可以獲得全部的嵌入資料。

範例 ⑥

　　假設目前處理的Index I_{curr}為68，相對應的鄰近索引值分別是I_l為70、I_{lu}為71、I_u為70、I_{ru}為69，如圖10-15所示。根據上述描述，首先計算鄰近索引值的平均數I_m與4個相鄰的編碼字索引值與平均數的差異值d_l、d_{lu}、d_u、d_{ru}，其中，$I_m=\lfloor(I_l+I_{lu}+I_u+I_{ru})/4\rfloor=\lfloor(70+71+70+69)/4\rfloor=70$，$d_l=|I_l-I_m|=0$、$d_{lu}=|I_{lu}-I_m|=1$、$d_u=|I_u-I_m|=0$、$d_{ru}=|I_{ru}-I_m|=1$。從差異值來看，每個差異值不完全相同，所以這一個Index是可以嵌入資料的。假設資料位元為0與整數值$S=2$，我們根據嵌入演算法得知，2個最小的差異值$(d_{min}、d_{min2})=(I_u、I_{lu})=(0、0)$。我們要使用差異值第二小的索引值$I_{lu}$當鄰近索引值$I_{clos}$。接著計算索引差異值$dI=(I_{curr}-I_{clos})=(68-71)=-3$，並從條件5~8中，挑選符合項目，進行輸出編碼。從條件5~8中，範例6是屬於條件6的，即$-(2^S-1)\le dI\le 0=-(2^2-1)\le-3\le 0$，所以可輸出

$Flag^2||10||(-dI)_2 = (01\ 10\ 11)_2$。

在萃取時，由於解碼過程是從左到右，上到下，所以還是可以先計算出鄰近索引值的平均數I_m與4個相鄰的編碼字索引值與平均數的差異值d_l、d_{lu}、d_u、d_{ru}。從4個差異值來看，分別為0、1、0、1，所獲得的四個差異值並非完全相同，表示此index是有嵌入資料的，並且知道最小差異的索引值是I_l，與第二小差異的索引值是I_{lu}，即2個最小的差異值$(d_{min}、d_{min2})=(I_u、I_{lu})=(0、0)$。接下來，由接收到的$(01\ 10\ 11)_2$，開始進行解碼與回復。根據前2個位元，$(01)_2$，表示為$Flag^2$，我們可以知道是用第二小差異的索引值是$I_{lu}$來進行編碼的，且資料位元為0，其中$I_{clos}=I_{lu}$。接著我們還原$I_{curr}$的部分，首先利用第3和第4個位元值的$(10)_2$來判別條件，又因為Flag為01，所以根據條件 5~8，我們可以發現此編碼是屬於條件6。因此我們透過條件6即可還原I_{curr}為68，即$I_{clos}+dI = 71+(-(11)_2)=68$。

I_{lu} 71 (01)	I_u 70 (10)	I_{ru} 69 (11)
I_l 70 (00)	I_{curr} 68	

▶ 圖10-15 I_{curr}鄰近編碼字索引值的編碼

10.3 頻率域方法

我們知道影像的格式有很多種，其中有一種稱為「JEPG 影像」，而JEPG影像是一種影像失真壓縮的技術，該方法是先將影像採用縮減取樣的方式(Downsampling)來處理顏色的色度，之後再利用離散餘弦(DCT)的技術轉換其頻率係數，接著再將轉換後的頻率係數進行量化(Quantization)動作，最後，再運用霍夫曼編碼(Huffman Coding)技術將相同頻率的係數進行編碼，編碼後為

一張JEPG 影像。然而，在產生一張JEPG影像的過程中，量化的動作造成不可逆的結果，如何在量化後的JEPG影像中達到回復資訊的技術是一項很困難的挑戰，因此，在JEPG影像中談及執行可回復資訊的技術通常是指在量化前的離散餘弦(DCT)轉換，是否可以讓轉換後的係數達到可回復式資訊嵌入技術。以下我們將介紹以離散餘弦(DCT)為基礎的可回復式資訊偽裝技術。

　　Chang等人於2007年所提出以離散餘弦為基礎之不失真的影像復原方法，其概念是在探討JEPG影像在量化前的離散餘弦(DCT)係數執行。他們的作法是先將一張影像進行縮減取樣的方式，之後，再將取樣的結果切割為8×8大小的區塊進行離散餘弦係數的轉換。接著，從這一個8×8大小的區塊中挑選最多9個中頻係數的區域，而這9個中頻係數的區域是要被用來藏入訊息的集合R_i，$i=1, 2, \cdots, 9$，且每一個的區域集合內有許多中頻係數(每一集合R至多有7個中頻係數)，則$R_i=(r_{i,1}, r_{i,2}, r_{i,3}, r_{i,4}, r_{i,5}, r_{i,6}, r_{i,7})$，其中挑選中頻係數的規則是從右下開始往左上的方式選擇，如圖10-16所示。

　　接著，再利用挑選中頻係數的規則從右下開始往左上的方式選擇，判斷中頻係數集合R_i ($r_{i,1}, r_{i,2}, r_{i,3}, r_{i,4}, r_{i,5}, r_{i,6}, r_{i,7}$)內的元素「0」的個數，由第一個元素$r_{i,1}$開始是否有超過連續2個含以上，如果有，則代表這個中頻係數集合R_i可被用來藏入訊息；反之，則表示該中頻係數集合不考慮嵌入訊息。舉例來說：圖10-17為一個挑選出中頻係數區域的結果，從圖10-17中，可以找出總共有5個中頻係數集合R_i，$i=1$到5，且$R_1=(0, 0, 0, 0, 2, 2, 3)$中頻係數區域有連續4個「0」；$R_2=(0, 0, 1, 0, 0, 0, 3)$中頻係數區域有連續2個「0」；$R_3=(0, 2, 0, 0, 2, 4, 2)$中頻係數區域有1個「0」；$R_4=(0, 0, 0, 1, 1, 2)$中頻係數區域有連續3個「0」；$R_5=(0, 0, 0, 0, 0, 0)$中頻係數區域有連續6個「0」。接著，將資料嵌入至中頻係數區域超過連續2個0以上的集合R_i中，以這個範例而言，資料將嵌入至集合R_1、R_2、R_4和R_5。另外，$z_{i,1}$定義在R_i的集合表示中(由右下至左上的係數)最後一個「0」的元素。$z_{i,2}$則表示為R_i中$z_{i,1}$的前一個元素。舉例來說：承圖10-17的範例中，集合R_1的$z_{1,1}$為$r_{1,4}=0$，$z_{1,2}= r_{1,3}=0$、集合R_2的$z_{2,1}$為$r_{2,2}=0$，$z_{2,2}=r_{2,1}=0$、集合R_4的$z_{4,1}$為$r_{4,3}=0$，$z_{4,2}=r_{4,2}=0$、和集合R_5的$z_{5,1}$為$r_{5,6}=0$，$z_{5,2}=r_{5,5}=0$。

　　接著，將資料嵌入到每一個R_i中的$z_{i,2}$，並修改$z_{i,2}$，修改條件如下所示：

條件 1：資料位元為「0」，則$z_{i,2}=0$。

條件2：資料位元為「1」，則$z_{i,2}=1$ 或-1是採用隨機方式選擇1或-1。

將所有的R_i皆處理完畢後，就表示這個區塊已完成資料的嵌入動作了。將所有區塊執行資料的嵌入後，即告完成嵌入程序了。

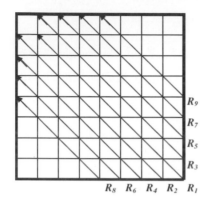

▶ 圖10-16 挑選係數集合的示意圖

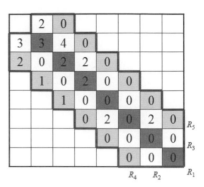

▶ 圖10-17 量化係數的範例

在萃取資料與影像復原的階段中，其過程與嵌入階段的前置處理相同，唯在萃取資料時，必須要用R_i中的元素$r_{i,j}$，依照下列的條件取出資料，其取出與中頻係數的還原條件如下所示：

條件1：$r_{i,j}=1$或-1，機密訊息為1，且$z_{i,2}=r_{i,j}$。

條件2：$r_{i,j}=1$或-1，及$r_{i,j+1}\neq 0$，及$r_{i,j-1}=0$，機密訊息為1，且$z_{i,2}=r_{i,j-2}$，$j-2\geq 1$。

條件3：$r_{i,j}=1$或-1，及$r_{i,j+1}\neq 0$，表示沒有嵌入機密訊息。

條件4：$r_{i,j}\neq 1$或-1，及$r_{i,j-1}=0$，及$r_{i,j-2}=0$，機密訊息為0，且$z_{i,2}=r_{i,j-2}$，$j-2\geq 1$。

條件5：$r_{i,j}\neq 1$或-1，及$j\leq 2$，表示沒有嵌入機密訊息。

條件6：$r_{i,j}$不存在上述的條件中，則機密訊息為0，且$z_{i,2}=r_{i,1}$。

待整個資料皆已取出後，再透過中頻係數$z_{i,2}$來執行中頻係數的復原操作。

範例 7

假設有一個8×8大小區塊，其中頻係數區域如圖10-17所示，且資料為「0011」。首先，從中頻係數中從右下往左上的方式，找出共有5個中頻係數區

域集合R_i，$i=1$到5，其中頻係數的內容為$R_1 = (0, 0, 0, 0, 2, 2, 3)$，$R_2 = (0, 0, 2, 0, 0, 0, 3)$，$R_3 = (0, 2, 0, 0, 2, 4, 2)$，$R_4 = (0, 0, 0, 1, 1, 2)$，$R_5 = (0, 0, 0, 0, 0, 0, 0)$，如表10-4左半部所示。接著，從中頻係數集合$R_i$內的元素「0」的個數，由第一個元素開始是否有超過連續2個以上，而在這個範例中，只有R_3內元素集合不符合，因此，不須嵌入資料至R_3集合中。

接著，將資料嵌入至中頻係數集合$R_i = \{ R_1, R_2, R_4, R_5 \}$中，並找出每個中頻係數集合的係數$z_{i,2}$，其中$R_1$的$z_{i,2}$為$r_{1,3}$，$R_2$的$z_{i,2}$為$r_{2,1}$，$R_4$的$z_{i,2}$為$r_{4,2}$，$R_5$的$z_{i,2}$為$r_{5,5}$。

依演算法，資料是嵌入到每一個中頻係數集合R_i中的$z_{i,2}$，並修改$z_{i,2}$中頻係數值。以R_1的而言，資料位元為「0」，又根據嵌入條件1，則無須修改$z_{1,2} = r_{1,3}$的中頻係數值，所以$R_1 = (0, 0,「0」, 0, 2, 2, 3)$。以$R_2$的而言，資料位元為「0」，又根據嵌入條件1，則無須修改$z_{2,2} = r_{2,1}$的中頻係數值，所以$R_2 = (「0」, 0, 2, 0, 0, 0, 3)$。以$R_4$的而言，資料位元為「1」，又根據嵌入條件2，則須將$z_{4,2} = r_{4,2}$的中頻係數值修改為1(此數值為隨機方式所產生的)，其修改後的中頻係數集合為$R_4 = (0, \underline{1}, 0, 1, 1, 2)$。以$R_5$的而言，機密訊息為「1」，又根據機密資訊嵌入條件2，則須將$z_{5,2} = r_{5,5}$的中頻係數值修改為1(此數值為隨機方式所產生的)，其修改後的中頻係數集合為$R_5 = (0, 0, 0, 0, \underline{1}, 0)$。其中最後的結果如圖10-18所示。註：在圖10-18中，背景有顏色的中頻係數，表示該係數為有嵌入資料，而圖中的粗體字，則表示嵌入後，所修改的係數值。

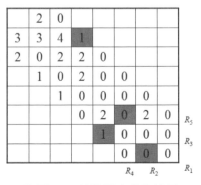

▶ 圖10-18 嵌入訊息後的結果

> 表10-4　圖10-17的中頻係數集合與嵌入資料之相關資料

集合	元素個數	$(r_{i,1}, r_{i,2}, r_{i,3}, r_{i,4}...)$	$z_{i,2}$	資料位元	嵌入後 $(r'_{i,1}, r'_{i,2}, r'_{i,3}, r'_{i,4}...)$
R_1	7	(0, 0, 0, 0, 2, 2, 3)	$r_{1,3}$	0	(0, 0, **0**, 0, 2, 2, 3)
R_2	7	(0, 0, 2, 0, 0, 0, 3)	$r_{2,1}$	0	(**0**, 0, 2, 0, 0, 0, 3)
R_3	7	(0, 2, 0, 0, 2, 4, 2)	N/A	N/A	(0, 2, 0, 0, 2, 4, 2)
R_4	6	(0, 0, 0, 1, 1, 2)	$r_{4,2}$	1	(0, **1**, 0, 1, 1, 2)
R_5	6	(0, 0, 0, 0, 0, 0)	$r_{5,5}$	1	(0, 0, 0, 0, **1**, 0)

承上例，以下說明如何取出資料與還原其中頻係數值。

範例 8

假設已知中頻係數區域，如圖10-18所示，首先，從中頻係數中從右下往左上的方式，找出共有5個中頻係數區域集合R_i，i=1到5，其中頻係數的內容為R_1＝(0, 0, 0, 0, 2, 2, 3)，R_2＝(0, 0, 2, 0, 0, 0, 3)，R_3＝(0, 2, 0, 0, 2, 4, 2)，R_4＝(0, 1, 0, 1, 1, 2)，R_5＝(0, 0, 0, 0, 1, 0)。再從中頻係數集合R_i內的元素中，從左至右找出非「0」的元素，並將此一個非「0」的元素設定為$r_{i,j}$以及往前找出二個元素$(r_{i,j-1}, r_{i,j-2})$。以R_1集合為例，非「0」的元素為$r_{i,j}=r_{1,5}$，$(r_{i,j-1}, r_{i,j-2})=(r_{1,4}, r_{1,3})$；$R_2$集合的$r_{i,j}=r_{2,3}$，$(r_{i,j-1}, r_{i,j-2})=(r_{2,2}, r_{2,1})$；$R_3$集合的$r_{i,j}=r_{3,2}$，$(r_{i,j-1}, r_{i,j-2})=(r_{3,1}, N/A)$；$R_4$集合的$r_{i,j}=r_{4,2}$，$(r_{i,j-1}, r_{i,j-2})=(r_{4,1}, N/A)$；$R_5$集合的$r_{i,j}=r_{5,5}$，$(r_{i,j-1}, r_{i,j-2})=(r_{5,4}, r_{5,3})$。

接著，根據上述的三個元素$(r_{i,j}, r_{i,j-1}, r_{i,j-2})$與額外元素$(r_{i,j+1})$ (此一個元素只適用在條件2與條件3)，並利用資料取出條件讀出資料與還原$z_{i,2}$中頻係數值。在中頻係數集合R_1中，依據集合中的每一個中頻係數值$r_{i,j}$，執行資料取出條件的判斷。又中頻係數集合R_1符合條件4，即$r'_{1,5}$=2及$r_{i,j-1}=r'_{1,4}=0$，$r_{i,j-2}=r'_{1,3}=0$，則可取出資料位元為「0」及將$z_{i,2}$設定為$r'_{1,3}=r_{i,j-2}$。在中頻係數集合R_2中，依據相同的方法執行資料取出條件的判斷，而中頻係數集合R_2符合條件4，即$r'_{2,3}$=2及$r_{i,j-1}=r'_{2,2}=0$，$r_{i,j-2}=r'_{2,1}=0$，則可取出資料位元為「0」及將$z_{i,2}$設定為$r'_{2,1}=r_{i,j-2}$。中頻係數集合R_3皆沒有符合任何條件，因為$r'_{3,2}$=2及$r_{i,j-1}=r'_{3,1}=0$，$r_{i,j-2}=N/A$，則表示此一集合沒有被嵌入訊息。中頻係數集合R4中，依據相同的方法執行

資料取出條件的判斷，而中頻係數集合R_4符合條件1，即$r'_{4,2}=1$及$r_{i,j+1}=r'_{4,3}=0$，則可取出資料位元為「1」及將$z_{i,2}$設定為$r'_{4,2}=r_{i,j}$。中頻係數集合R_5中，依據相同的方法執行資料取出條件的判斷，而中頻係數集合R_5符合條件1，即$r'_{5,5}=1$及$r_{i,j+1}=r'_{5,6}=0$，則可取出資料位元為「1」及將$z_{i,2}$設定為$r'_{5,5}=r_{i,j}$，最後，再將每一個中頻係數區域集合R_i中的$z_{i,2}$中頻係數值，全部皆設定為0，即完成了資料的取出與中頻係數值的還原階段，其詳細資訊如表10-5所示。

❷ 表10-5 萃取資料後之相關的資料

集合	元素個數	$(r'_{i,1}, r'_{i,2}, r'_{i,3}, r'_{i,4},...)$	$z_{i,2}$	資料位元
R_1	7	(0, 0, 0, 0, 2, 2, 3)	$r'_{1,3}$	0
R_2	7	(0, 0, 2, 0, 0, 0, 3)	$r'_{2,1}$	0
R_3	7	(0, 2, 0, 0, 2, 4, 2)	N/A	N/A
R_4	6	(0, 1, 0, 1, 1, 2)	$r'_{4,2}$	1
R_5	6	(0, 0, 0, 0, 1, 0)	$r'_{5,5}$	1

此一方法的資料負載量受限於中頻係數集合的個數，因此當中頻係數集合個數愈少時，資料負載量會變少，如表10-6所示。相對的，載體的影像品質會變的更好(因為嵌入量少，係數的改變量也會變少，因此提昇了影像品質)，如表10-7所示。就以資料負載量觀點來看這個方法最大的負量度為0.141bpp，由於嵌入量並不多，因此，要追求高資料負載量的技術發展，應該從空間域的觀點著手，因為空間域是最直接的處理方式。而壓縮域與頻率域皆需要再經過某些轉換，可用的資訊相對地比空間域的方式來還得少，所以，其資料負載度會比空間域還差。

❷ 表10-6 載體的資料負載量

實驗影像	嵌入位元數(Bit)								
	1	2	3	4	5	6	7	8	9
Lena	4096	8192	12288	16384	20479	24529	28626	32721	36861
Baboon	4096	8192	12288	16380	20474	24570	28647	32607	36094
Boat	4096	8192	12288	16370	20433	24529	28625	32721	36817
Airplane	4096	8192	12288	16384	20479	24529	28671	32766	36852

● 表10-7 載體影像品質

實驗影像	嵌入位元數(Bit)								
	1	2	3	4	5	6	7	8	9
Lena	38.55	34.93	32.91	31.77	29.65	29.24	28.84	28.55	28.13
Baboon	34.84	30.75	29.01	28.25	27.20	26.32	25.68	24.99	24.22
Boat	38.77	35.08	32.70	31.33	29.35	28.90	28.45	28.01	27.49
Airplane	38.68	35.21	33.10	31.97	29.73	29.22	28.81	28.37	27.73

10.4 結語

　　不失真的回復原影像通常被應用在軍事地圖與醫學影像中。在本章中，介紹不同領域(空間域、頻率域、壓縮域)下的不失真回復技術，其主要目的都是將嵌入後的載體，還原到最初最原始的掩體狀態。讓掩體不僅只是拿來當作載體使用，掩體亦能透過載體取出資料後，還能保留掩體的價值。但在這當中，現今壓縮域裡的VQ壓縮編碼技術只能回到掩體被量化後的狀態，盼未來能有所突破，讓壓縮域裡的VQ壓縮編碼技術可以回到最初最原始的掩體狀態。

問題與討論

1. 說明有哪些不失真的影像復原機制所使用的資料格式種類。
2. 寫出差異值擴展法的概念，並衡量其資料負載量。
3. 陳述統計直方圖如何得以不失真的復原影像的概念。
4. 說明如何以統計直方圖為基礎來提升資料負載量。
5. 說明一個如何以壓縮域為基礎進行不失真影像復原。

多媒體生活－
影像財產權

導讀

隨著電腦與網路的快速發展，數位資料(如聲音、影像、圖型、文字…等)已成為生活的必備工具，這些數位資料可以不受時間與空間的限制下藉由網際網路的快速傳播與交換。但是當我們在享受數位科技所帶來的便利之時，隨之而來的是許多安全上的問題，例如：個人隱私部分與智慧財產權的侵權問題。為了保護數位資料擁有者的智慧財產權，利用數位浮水印技術(Digital Watermarking) 是最直接與最有效的方式之一。本章將介紹數位浮水印的基本知識，透過一些浮水印技術來介紹不同種類的浮水印特性，以及導入一些淺顯易懂的概念能夠讓讀者能夠了解利用浮水印技術保護智慧財產權。

數位浮水印技術亦是資料嵌入技術之一種,其相似之處在於這兩種技術都是把重要的資料(包含機密訊息或者可辨視之特殊符號,諸如:商標或序號)嵌入至觸媒,如:影像(Image)、視訊(Video)、或聲音(Audio)等。資料嵌入的目的除了保護重要資訊具有不被偵測的特性之外,內容保護(Content Protection)、版權管理(Copyright Management)、內容認證(Content Authentication)與竄改偵測(Tamper Detection),亦是資料嵌入的延伸性目的。而數位浮水印技術強調即是重要資料(亦可稱爲浮水印訊號)的強韌性特質。所謂"強韌性"即嵌入資料後的影像媒體(亦稱載體)經過一些經常性影像處理後(攻擊、破壞、網路傳遞遺失…等),依舊可從被處理後的載體中,取出或辨識被嵌入的浮水印。越高的強韌度,其浮水印越容易被辨識出來;而一般性的資料嵌入則不重視強韌性,一旦遭到攻擊、破壞、或網路傳遞的遺失,就無法被取出。爲了能更有效的達到對所有權的保護,一個好的數位浮水印要有足夠的強韌性(Robustness),也就是在經過某些訊號處理或攻擊後,還能從含浮水印的載體中,有效且正確的取出浮水印。本章的主要目的是介紹影像處理應用之數位浮水印的基本知識與浮水印的特性。並透過浮水印認識與浮水印攻擊方式,來讓讀者熟悉現代數位浮水印的使用目的。

11.1 浮水印應用簡介

「浮水印」相信讀者都不陌生,在現實的生活中,最貼近人們的例子就是我們每天日常生活中經由買賣交易所接觸到的鈔券。近年來偽鈔或仿冒品的氾濫已經嚴重的影響我們的生活,根據過去執法單位破獲的偽鈔集團案件發現,不法份子製作偽鈔,仍以新版的千元鈔券為大宗,且印刷、紙張等與新鈔也有很大的差別。若要用肉眼來輕易辨識出真偽,最主要的辨識方法就是利用鈔券的「浮水印」來辨識偽鈔的真假,我們只要拿起一張鈔票對著燈光,就可以從鈔票的空白處發現,百元的浮水印是「梅花」、五百元的浮水印是「竹子」、千元的浮水印是「菊花」,如圖11-1所示,這是辨識真偽鈔最簡便的方法。由於鈔票上的浮水印一般人難以去仿製且無法以肉眼直接看的見,必須透過光線才能顯現出來,所以無法使用一般影印技術的方式來產生,因此可以做為最佳的防偽保護功能設計之一。

千元浮水印是「菊花」　　五百元浮水印是「竹子」　　百元浮水印是「梅花」

▶ 圖11-1 鈔券上的浮水印

　　數位浮水印概念的使用，不僅應用在鈔券上也可應用在數位的資訊產物(包括數位影像、視訊、或是其他多媒體產物)中。目前的浮水印技術大都應用在數位影像與視訊方面，而這些應用最主要都是在探討兩部分，第一部分為是否可以承受各式各樣的訊號處理或攻擊，以及第二部分是數位浮水印的可視性(Visibility)與不可視性(Invisibility)。以下透過這兩種分類方式(強韌性、人類視覺系統)，來區分出數位浮水印的目的與特色。

一、強韌性

　　依照強韌性來看數位浮水印技術可以再分成兩種類別，分別是強韌型(Robust)浮水印技術與易碎型(Fragile)浮水印技術。以下將介紹這兩種的浮水印類型與其應用上的時機。

1. 強韌型浮水印

　　在強韌型浮水印機制裡，浮水印可以當作是一種簽章型浮水印。在這種簽章型浮水印機制中，要求在保護數位媒體經過攻擊後，在萃取浮水印後仍需具有相當的識別程度，可以強調識別版權的存在，以藉此證明數位媒體的擁有者。就數位影像來說，主要分成空間域與頻率域，在空間域中，只要進行平面位元分析後就可以分析出疑似具有浮水印的影像，使得具有嵌入浮水印的影像容易遭受到有心人士的破壞。因此，強韌型浮水印技術主要著重發展在頻率域上。頻率域上的技術須透過函數進行轉換，如DCT(Discrete Cosine Transform)、DWT(Discrete Wavelet Transform)等，所以可以降低數位浮水印直接遭受破壞攻擊。強韌型浮水印技術通通會應用在頻率域上，且在嵌入浮水印的過程中利用一把金鑰或者虛擬亂數產生器 (Pseudo-Random Number

Generator, PRNG)或TAF (Toral Automorphism Function)將浮水印進行打散，讓浮水印可以分散性的藏入到影像中。假設以H為保護圖、H'為圖形的頻率係數值、H_w為嵌入後完成圖、W為浮水印、W'為打散後的浮水印，一般的演算法嵌入概念流程如圖11-2所示。除了利用金鑰及虛擬亂數產生器等打散浮水印的嵌入分佈，另外也可藉由對頻率域轉換係數的調整來達到嵌入浮水印的方法，亦可有效提高浮水印資訊在遭受攻擊時的強韌性。

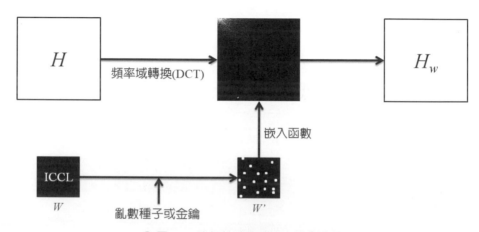

> 圖11-2 強韌性演算法嵌入概念流程

2. 易碎型浮水印

相較於強韌型浮水印的需求，易碎型浮水印強調保護數位媒體的完整性。一般而言，對於易碎型浮水印技術的需求有下列幾項：

(1) 竄改偵測：竄改偵測能有效偵測數位媒體內容是否遭受一些攻擊與竄改，是否為一個不可信任的數位媒體。當影像被攻擊與竄改(如切割、放大或縮小、加入雜訊、旋轉)等運算過程時，嵌入的浮水印則無法被取出。當嵌入的浮水印無法正確取出時，則此影像一定被遭受攻擊與竄改處理。

(a)原圖

(b) 切割

(c) 加入雜訊

(d)旋轉

(e) 插入花朵

▶ 圖11-3 各種浮水印的攻擊與竄改方式

(2)竄改位置定位(Tamper Localizing)：除能有效偵測數位媒體是否正常無損外，更能精確定位破壞的位置。浮水印技術須可有效地將被攻擊與竄改的位置呈現出來，讓版權所有人可以清楚了解被攻擊與竄改的狀況。

二、浮水印的可視度

數位浮水印技術主要應用在智慧財產權的保護，它是經由一些處理的程序，將一些欲保護的資訊加入至不同型式的媒體上。在媒體上所呈現浮水印的結果，可依照人類的視覺感官分為可視型與不可視型。

1. 可視型浮水印

早期的浮水印技術主要以可視型浮水印技術為發展的主軸，其目的在於版權的宣告，讓欲保護之資訊加入至數位媒體上，其結果可讓人類視覺所察覺與辨識。常見的應用為在文件資料上加上公司的商標，如圖11-4所示，即是宣示版權或是辨別文件的內容，其中圖11-4(a)表示一張原始圖形，圖11-4(b)表示宣示版權的浮水印，圖11-4(c)表示一張已經嵌入浮水印的圖形，則我們經由一種演算法，將圖11-4(b)嵌入到圖11-4(a)中得到一張具有宣示版權的圖形，如圖11-4(c)。反之，我們也由圖11-4(c)經由相同的演算法反向可以將浮水印從圖11-4(c)移除，還原得到一張原始圖形11-4(a)和藏入的浮水印圖11-4(b)。

(a) 原圖　　　　　　　(b) 浮水印　　　　　　　(c) 可視浮水印

▶ 圖11-4可視型浮水印

2. 不可視型浮水印

不可視型浮水印技術則是將浮水印之資訊藏匿在媒體中，無法透過人眼的感官所察覺或直接觀看出有其資訊的存在。若欲知是否有浮水印之存在或是當遇到版權宣稱之情事時，則須經由特定的演算法或萃取技術，才能完整的從媒體中取出被隱藏的浮水印資訊，如圖11-5所示，其中11-5(a)表示一張原始圖形，11-5(b)表示宣示版權的浮水印，圖11-5(c)表示一張已經嵌入浮水印的圖

形，則我們經由一種演算法，將圖11-5(b)嵌入到圖11-5(a)就會得到一張具有看不見版權宣示的圖11-5(c)。反之，我們也由圖11-5(c)經由相同的演算法反向將浮水印取出得到一張原始圖11-5(a)與完整的浮水印11-5(b)。

| (a) 原圖 | (b) 浮水印 | (c) 不可視浮水印 |

❯ 圖11-5　不可視型浮水印

11.2　浮水印特性介紹

　　一般而言，當發生版權爭議時，透過浮水印技術，將嵌入在數位多媒體中的認證資訊取出，作為合法的持有人或使用者的合法性之版權認證的依據，藉以保護原創作者的智慧財產權。既然浮水印技術為了達到版權宣告的目的，一定要能抵抗非法使用者的破壞行為，但是也需要具備／符合技術上的基本條件，其條件如下所示：

(1) 不易察覺性(Invisible)：由於人類的視覺系統，對於整張圖中的些微差異並不敏感。因此，便可以將所要加入的資訊藏匿至這些人眼不敏感的區域，由於在加入浮水印之後並不影響到原來的影像或媒體，可以降低有心人士發現進而竄改的機率。

(2) 強韌性(Robustness)：當浮水印被遭受到攻擊破壞時，根據浮水印技術的強韌度給予適當的保障，若浮水印技術屬於強韌型，已嵌入浮水印的影像被攻擊竄改時，版權所有人還是可以輕易的將浮水印取出，雖然浮水印有些微的失真或雜點，但仍不影響其辨識度。相對的，如果浮水印技術屬於易碎型，一旦已嵌入浮水印的影像被攻擊竄改時，其浮水印則無法被取出，

反而會取出雜亂無章的浮水印。但易碎型浮水印技術基本上可實現被遭受竄改或破壞處理的偵測能力。

(3) 安全性(Security)：浮水印的安全性的考量，一般都是著重在原圖的特定區域。事實上是經由某些選取的特定區域來嵌入浮水印。在這樣的方法下，攻擊者預測出浮水印所嵌入的區域的可能性必須要很低，或者攻擊者是不能去任意的修改或移除浮水印的訊息。一般來說，一個成功的數位浮水印系統必須避免被非法使用者破解的機率，只有擁有者才可將此浮水印偵測與抽取出來。另外，浮水印也可透過編碼加密的方式，利用私密金鑰(Private Key)與公開金鑰 (Public Key)的執行原理，將資料嵌入影像或多媒體中，增加其安全性。

(4) 明確性(Definiteness)：浮水印的技術主要目的是針對影像圖型之所有權的鑑別、為擁有者的權益提供保障。浮水印的內容必須是眾所皆知、具有特定目的與可識別之標誌，且當從被保護的多媒體中取出的數位浮水印重建後浮水印必須清晰可辨，將來若發生版權糾紛，可藉由提取所置入的資料來確認真正的擁有者，以做為證明使用。

(5) 忘卻性(Oblivious)：針對已含有浮水印保護的媒體做萃取浮水印的程序時，需要參考到原始的媒體協助時，才能順利的萃取出浮水印，這樣的方法我們就稱作非忘卻性(Non-Oblivious)。反之，所謂的忘卻性就是將要保護的媒體加入數位浮水印後之影像，在不破壞影像品質也不需要參考到原始浮水印的協助下取出浮水印，且恢復成原始媒體。若以非正常取出程序如預測或統計分析等方式將浮水印取出或去除浮水印，整張影像也已破壞殆盡，無利用價值，能具備此一特性，才可以有效的保護原創作影像不被盜用。

11.3 浮水印技術

在前段的介紹中，讀者已經充分的了解浮水印的使用時機與其特性。但對於數位浮水印技術的方法尚未熟稔。本節中，將逐一探討現有的浮水印技術，我們將先介紹「易碎型浮水印」技術，當確保載體遭受攻擊、竄改或受雜訊干

擾後，能夠感測到影像遭受到攻擊、竄改或干擾的位置。然後接著介紹「強韌型浮水印」被攻擊或竄改或受雜訊干擾後，仍然能夠經由載體所提取的浮水印來證明其所有權，以達到保護著作權的功能。

一、易碎型浮水印技術

所謂易碎型數位浮水印技術(Fragile Digital Watermarking Technique)就是利用藏入浮水印的易碎(Fragileness)特性，達成完整性認證。其中「易碎特性」就是當嵌入浮水印之載體遭受到某些攻擊(竄改或受雜訊干擾等)後，能夠從受攻擊的載體中，偵測到影像遭受到攻擊、竄改或干擾。

我們將使用一個淺顯易懂的例子來介紹易碎型之浮水印技術。

範例 1

在1995 年Walton提出了利用總和檢查方法(Checksum)，發展一種浮水印認證技術。以灰階數位影像來說，這個技術，是以影像中每一個像素為處理基礎，先從影像中取出每一個像素，再從每一個像素中取出最重要位元(Most Significant Bit)，利用取出的重要位元與總和檢查方法(Checksum)建構出一個二元陣列，而此陣列內的內容當作是影像的驗證資訊。

接下來，則利用隨機亂數產生器產生數條路徑序列，如圖11-6中所示。假設圖11-6中有兩條選定路徑，路徑上的每一個點均可用來嵌入認證訊息。將總和檢查陣列中的元素，一個接著一個嵌入到像素中的最不重要位元(Least Significant Bit，LSB)來嵌入浮水印資料。假設陣列中要嵌入的資料為「1011」，且選定將資料嵌入的路徑A上，又對應A路徑上點A1，A2，A3，A4的影像像素值分別是33，51，30，34。當嵌入資料「1011」後，這四個像素利用1 bit LSB方法，而得到嵌入資料後的新像素值分別為33，50，31，35，結果如圖11-7 所示。同理，當影像需要驗證的時候，只要按照所選定的路徑依順序取出藏入的驗證訊息，並還原成陣列的形式，接著再執行產生驗證資訊的流程一次後，就可得到新的驗證資訊陣列。比對取出的驗證訊息陣列與產生的新的驗證資訊陣列就可知道影像是否遭竄改了。

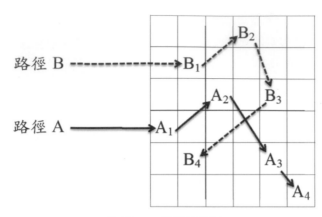

❯ 圖11-6 路徑的範例

5	10	12	56	18	63
57	55	15	35	15	44
20	78	**51**	33	55	24
33	15	25	47	66	33
15	20	28	35	**30**	35
33	84	35	35	15	**34**

5	10	12	56	18	63
57	55	15	35	15	44
20	78	**50**	33	55	24
33	15	25	47	66	33
15	20	28	35	**31**	35
33	84	35	35	15	**35**

(a)6×6原始圖形　　　　　　　　　　　　　(b)嵌入浮水印後的圖形

❯ 圖11-7 Walton方法範例

　　不過此方法有許多缺點，例如：無法找到驗證資訊以及無法找出被竄改的位置是在影像中的那裡。其中無法找到驗證資訊的原因為這個方法是用總和檢查法(Check Sum)來執行驗證程序，所以，在某些情況下，例如：影像中的像素個數遭受到奇數或偶數個改變後，有可能運算出來的驗證資訊陣列還是與未改變前一樣。因此，Walton的方法偵測不出竄改的地方且無法定位出哪一個像素被竄改過，也無法辨識遭竄改的地方是否為惡意還是失真。但這是最簡單容易讓讀者馬上直接進入浮水印技術的一扇門。

二、強韌型浮水印技術

　　強韌型數位浮水印(Robust Watermark)技術主要是利用所置入浮水印的強韌性(Robustness)，以確保載體的完整性。當載體(多媒體資料)被攻擊或竄改或

受雜訊干擾後，仍然能夠經由萃取出來的浮水印來證明其所有權，以達到保護著作權的功能。強韌型浮水印(Robust Watermarking)目的是在保護創作者的著作權，顧名思義要能夠對各種攻擊有抵抗性，可視為簽章的一種，就像藝術家為自己的作品落款或用印一樣，現今網路上很多照片都是使用這種，由於容易遭到不法人士竄改，甚至將浮水印去除，而具備強韌性的浮水印遭遇竄改後，仍能正確的將浮水印擷取出來，以證明該文件的擁有者是誰。我們將使用一個簡單的例子來介紹強韌浮水印的技術。

範例 2

　　強韌浮水印的技術是由Cox於1997年所提出的離散餘弦轉換(Discrete Cosine Transform, DCT)應用在數位浮水印上的技術，有別於一般作法，Cox將整張影像透過離散餘弦轉換後，將浮水印嵌入於交流(AC)係數中。

　　其主要目的是將數位影像由空間域的原始資訊轉換至頻率域，以使調整頻率域的係數值來嵌入浮水印，其主要過程就是將一張影像切割成8×8的區塊大小，再經由離散餘弦的轉換(DCT)，得到離散餘弦轉換(DCT)係數，再選擇中頻係數，並嵌入浮水印的資訊，將修改後的係數以逆向的離散餘弦(Inverse DCT)轉回至空間域，即完成嵌入浮水印的過程。

　　偵測與取出浮水印的程序，則是將以嵌入浮水印的影像和以遭受破壞的浮水印影像做離散餘弦轉換(DCT)，得到離散餘弦轉換(DCT)係數，求出中頻的係數位置，比較兩張影像的差別，就可偵測浮水印是否存在，取出的浮水印資訊也可以驗證版權的真實性。一般而言，數位浮水印技術大致上可分為嵌入浮水印與取出浮水印兩大步驟。大致而言，嵌入的方法如圖11-8。嵌入的浮水印可以透過許多方法來擷取。

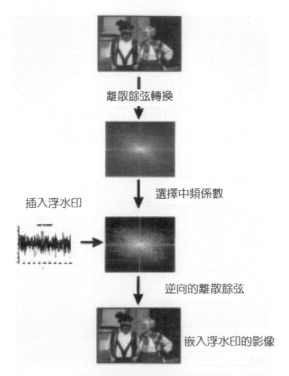

離散餘弦轉換

選擇中頻係數

插入浮水印

逆向的離散餘弦

嵌入浮水印的影像

▶ 圖11-8 離散餘弦轉換後嵌入浮水印之流程圖

　　浮水印取出與偵測的流程如圖11-9所示。根據不同的方法，在擷取數位浮水印時，可以依原始影像要求分為需要原始影像與不需要原始影像兩種。不論嵌入的浮水印被破壞與否，我們可以利用原始浮水印與擷取出的浮水印相似度(Similarity)做為判斷影像權益的依據。

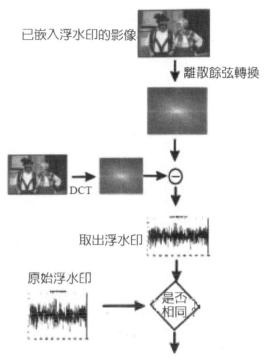

❷ 圖11-9 逆向離散餘弦轉換後取出機密訊息之流程圖

11.4 結語

　　經由本章節所介紹影像處理應用之浮水印技術，培養讀者對於數位浮水印的概念。另外許多浮水印系統會依照不同的用途與目的，而有不同的嵌入方式。至於如何客觀的評論浮水印技術的優劣，目前沒有一個很具體且客觀的標準來論證。對於不同的應用都有其他不同的特色與優缺點。讀者對於基本的浮水印分類應有基本的認識。畢竟浮水印的技術就是要保護我們所有擁有的智慧財產權與完整性，並透過完善的管理以及保護機制，使得影像處理在電腦或是網路犯罪具有關鍵性地位。也由於目前數位影像常遭受到非法的複製、篡改，而使得所有權的認定成為重要的問題。

問題與討論

1. 簡述依目的作為分類的浮水印種類。

2. 簡述依人眼感官作為分類的浮水印種類。

3. 簡述浮水印的特性。

4. 簡述浮水印攻擊種類。

5. 簡述利用離散餘弦轉換應用在數位浮水印上的技術的嵌入與取出浮水印之流程。

12

多媒體應用－
浮水印工具

導讀

網際網路與社群網路的快速發展，讓越來越多的使用者將文字、圖片、影片等數位資訊上傳至社群網路平台供大眾閱覽，而這些放置於社群網路平台上的數位資訊通常可以相互轉載，尤其是有趣的影像，更是受到網友的轉載青睞，讓影像可以快速且大量的轉載及傳遞。也因此，數位版權問題的議題就更被重視。在數位影像上傳至社群網路平台或其他網路空間前，使用者通常會針對這些數位照片添加數位浮水印，讓圖片不被盜用或所有權遭受侵犯，確保自身著作權及智慧財產權益。本章我們選擇幾款浮水印工具軟體進行介紹，以供讀者對於如何製作浮水印有更進一步的了解與認識。

business

數位影像處理的應用日趨廣泛，除了透過各種軟體工具將原始數位影像處理得更加美觀、更加符合使用者需求之外；數位影像處理技術也常用於保護數位影像之著作權及智慧財產權。尤其社群網路平台的活絡運用，加速數位影像的散佈速度，卻也使得有心人士得以隨意盜取其他人所擁有的數位影像檔案，如果不好好的利用數位影像處理軟體或工具來處理原始的數位影像，將無法遏止有心人士任意盜用他人數位影像之情形。然而，應如何證明數位影像的所有權及著作權，讓創作者的權益不受侵害，便是今日不可忽視的重要課題。倘若我們能夠事先做好簡單且實用保護措施，就能嚇阻有心人士的非法使用。本章節將要介紹可嵌入數位浮水印的軟體工具，我們希望能夠以簡單且方便的方式，讓讀者真正的了解如何利用現有工具，將浮水印嵌入至數位媒體中。以下我們將就幾款數位浮水印之製作工具軟體做一介紹，讓讀者能了解不同浮水印軟體之操作步驟與使用方式。

12.1 跨平台免費影像處理軟體─XnConvert

　　首先，將介紹XnConvert(http://www.xnview.com/en/xnconvert.php#downloads)編修軟體，此一軟體可針對數位影像進行不同方式的圖片修改，諸如旋轉、裁減、銳化、減少雜訊等各種編修功能。接著即以此套軟體向各位讀者介紹如何將數位浮水印嵌入數位影像。

step 1　開啟XnConvert軟體，然後，我們可以看到以下畫面：

step 2　將想要加入數位浮水印的數位影像以「拖曳方式」或「新增檔案」等2
　　　　種方式輸入至XnConvert。

step 3　切換至「動作分頁」，並且在「加入動作」的選項中選取「圖片」，並
　　　　向下選取「浮水印」功能。

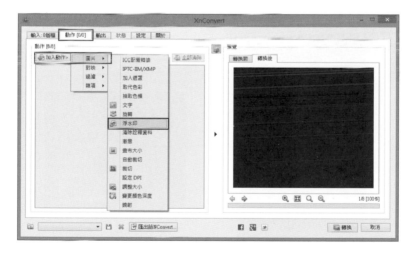

step 4 選取浮水印功能之後的畫面(如下所示)後,我們可以選擇其他數位影像或logo,作為數位浮水印的來源,並且可以調整數位浮水印顯示的位置,而此處我們將數位浮水印置於圖片的右下角。

step 5 如果需要加入文字浮水印,則須在「加入動作」的選項中選取「圖片」,並向下選取「文字」功能。

step 6 選取「文字」功能之後，即可將輸入之文字轉化為數位浮水印，並可調整其顏色及位置，此處我們輸入「ICCL」作為文字浮水印。

step 7 最後切換到「輸出分頁」，此分頁提供輸出檔案相關設定功能，例如：輸出位置、輸出格式、輸出檔名格式等，方便使用者作相關設定與調整，最後在選取右下角的「轉換」功能，即可轉換輸出具有數位浮水印之數位影像。

step 8　最後檢視該數位影像，確實分別於左下角及右下角嵌入圖片浮水印以及文字浮水印。

12.2　線上浮水印軟體─PicMARKR online Tool

　　上一節已詳細的介紹如何利用XnConvert軟體工具進行嵌入數位浮水印之操作，但是，未必每位讀者都喜歡在電腦中安裝這類程式來使用，所以，我們將為讀者介紹另一種利用網頁操作方式來嵌入數位浮水印，而此一網頁操作方式可以從網站工具PicMARKR(http://picmarkr.com/)中取得。以下我們來詳細介紹如何使用網頁來嵌入數位浮水印。

step 1　先連結網站工具PicMARKR的網站之後，可以從連結的首頁中，看到下列的畫面：

step 2　在網站首頁中的步驟1中，選取數位影像來源，其中影像的來源端選擇可以從本機端、Flickr、Facebook或Picasa上傳輸入，而且一次最多只能批次嵌入5張數位影像，此外檔案大小總和也不能超過25Mb，最後還可以選擇輸出之檔案大小。

step 3　我們可以看到有三種數位浮水印可以選擇，分別是「Text watermark」、「Image watermark」及「Tiled watermark」。我們可以分別來看，首先看到「Text watermark」的部分，我們在文字部分打上「2015 at ICCL」，並且顯示於畫面左上角，如其預覽圖片一般，浮水印文字出現在畫面左上角。

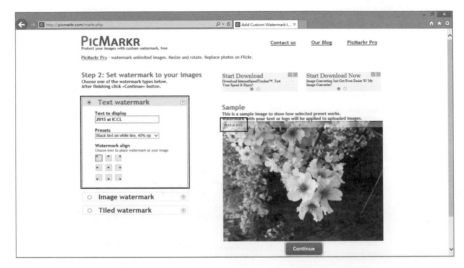

step 4　再來是「Image watermark」的部分，我們先上傳被嵌入的數位影像，接著選擇浮水印出現在畫面右下角，而畫面右下角確實出現嵌入之浮水印影像。

step 5　再來是「Tiled watermark」的部分，可以選擇以文字或圖片作為數位
　　　　浮水印嵌入數位影像，並且佈滿整張數位影像，以文字作為數位浮水印
　　　　的結果如下：

step 6　以圖片作為數位浮水印的結果如下：

step 7　點選「Continue」之後，就可以選擇如何匯出具有數位浮水印的數位影像，此處可以選擇上傳至Flickr、Facebook或Picasa，或者下載到電腦本機端中。

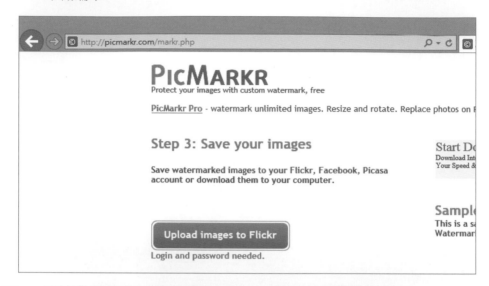

step 8　這邊我們選擇下載到電腦本機中，其產出結果如下所示。

12.3 相片浮水印軟體─Picasa

　　接著，為各位讀者介紹比較熟悉的軟體工具Picasa，這款工具不管是上傳還是匯出數位影像，皆能設定添加數位浮水印於數位影像中，以下就其上傳及匯出兩種不同方式為讀者做詳細的介紹。

12.3.1 Plcasa上傳數位影像設定

step 1　首先開啟Picasa這套軟體工具，可以看到畫面如下：

step 2　接著選取「工具」中的「選項」功能之後，就會出現「選項」的功能視窗。

在功能視窗跳出後，我們選取「網路相簿」這個分頁，接著勾選「為上傳的所有相片加上浮水印」，並且輸入浮水印的文字，此處我們輸入「ICCL」作為浮水印文字。

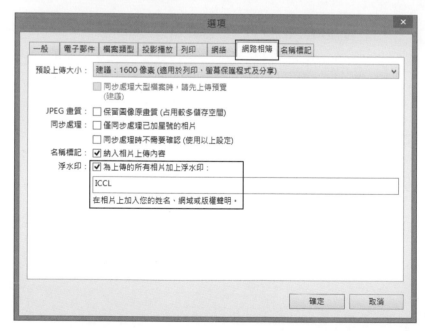

step 4 選取「確定」之後，便可將數位影像上傳至網路相簿。

step 5 接著選取任一數位影像，可以發現我們輸入的浮水印文字「ICCL」出現在任一數位影像的右下角，這樣的步驟便可順利嵌入數位浮水印。

12.3.2 Picasa匯出數位影像設定

step 1　相同的方式，我們先開啟Picasa軟體工具，選取我們想要匯出的資料夾，接著在畫面下方可以看見「匯出」功能按鍵，並選取「匯出」。

step 2　我們可以指定匯出檔案至指定資料夾，接著勾選下方的「新增浮水印」，並輸入浮水印文字「2015 at ICCL ~」。

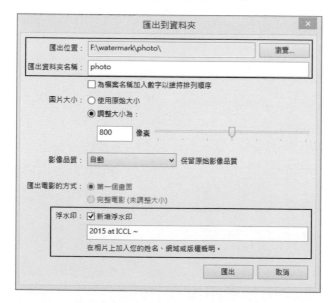

step 3　匯出檔案之後，立即開啟檢視，發現輸入的浮水印文字「2015 at ICCL ～」確實出現在數位影像的右下角。

2015 at ICCL ~

12.4　結語

　　本章所介紹的浮水印工具是屬於可視型浮水印，可直接被肉眼所見，這種浮水印工具的優點就是不需經過任何演算法計算即可得知擁有者為何人，且浮水印本身亦是要給予觀看者的資訊，以表示資料來源或所有人，例如：學術論文上經常會加上浮水印章，或者電視台會將其電視之徽章加在頻道畫面上，以方便觀眾辨識，同時也保護其影片不被直接盜用。這類型浮水印最大缺點就是對原影像的品質產生破壞，像是時下盛行的網路購物，許多賣家為了防止商品的圖片被盜用，便顯而易見的加上自己的帳號等資訊，如此一來也直接破壞了原本商品照片的美觀性。另外，這類型的浮水印很容易直接被覆蓋掉，或者經由訊號處理的技術去除。所以我們就幾款浮水印工具進行簡要的說明與操作示範。藉此能提供讀者對浮水印工具有更多的了解，利用一些簡單的浮水印工具就能將一些個人的隱私資料加以保護，防止其他有心人士的使用與竄改，進而達到嚇阻與保護的作用。

問題與討論

1. 簡述在數位媒體嵌入數位浮水印的目的為何。

2. 利用XnConvert製作圖片浮水印。

3. 利用PicMARKR網站製作文字浮水印。

4. 利用XnConvert、PicMARKR網站及Picasa軟體工具製作數位浮水印,並比較其優缺點。

中英文關鍵字名詞索引表

英文全名	中文全名	英文全名	中文全名
Dispersed dithering	分散式抖動法	Halftone	半色調
Downsampling	縮減取樣	Herodotus	希羅多德(希臘歷史學家)
Edge	邊界	HH	高高頻帶
Embedding Capacity, EC	負載量	High Payload	高負載性
Empty	空	Histogram	直方圖
Encryption	加密	Histogram-Based	統計直方圖隱藏技術
Energy	能量	HL	高低頻帶
Error Diffusion	誤差擴散法	Host Image	掩體
Euclidean distance	歐基里德距離	Huffman Coding	霍夫曼編碼
Exclusive-or	互斥	Image	影像
Expandable	像素可擴展	Image Fidelity, IF	影像逼真性
Facebook	臉書	Image Negatives	影像負片
Federal Bureau of Investigation, FBI	聯邦調查局	Image Processing	影像處理
Fixed-level Quantization	定階量化法	Imperceptibility	不可察覺性
Flag	標記	Index	索引值
Flipping Function	反轉函數	Index Table	索引表
Flipping Mask	反轉遮罩	Information Cryptology & Construction Lab, ICCL	資訊密碼暨資料建構實驗室
Forward Discrete Cosine Transformation, FDCT	離散餘弦正轉換	International Data Encryption Algorithm, IDEA	
Fourier Transform	傅立葉轉換		
Fragile	易碎型	Inverse Discrete Cosine Transformation, IDCT	離散餘弦反轉換
Frequency	頻率		
Function	函式	Invisibility	不可視性
Gaussian Lowpass Filter	高斯低通濾波器	Jean Baptiste Joseph Fourier	傅立葉(人名)
General Access Structure	存取結構		
Graphics Interchange Format, GIF	圖形格式	Joint Photographic Experts Group, JPEG	圖形格式
Gray Image	灰階影像	Key	加密金鑰
Haar	離散小波轉換技術	Kryptos	希臘文

參考文獻

[1]　王旭正 (資訊密碼暨資料建構實驗室&情資安全與鑑識科學實驗室), "資訊安全鑑識程序建立與有效證據萃取作業(CXXIX) －iOS 的隱私危機: 悄悄開啓的後門," 網管人雜誌, http://www.netadmin.com.tw/ , 城邦文化電腦雜誌系列, Oct., 2015.

[2]　王旭正 (資訊密碼暨資料建構實驗室&情資安全與鑑識科學實驗室), "資訊安全鑑識程序建立與有效證據萃取作業(CXXVIII) －iOS 不知不覺看到你- 定位的萃取與鑑識," 網管人雜誌, http://www.netadmin.com.tw/ , 城邦文化電腦雜誌系列, Sept., 2015.

[3]　王旭正 (資訊密碼暨資料建構實驗室&情資安全與鑑識科學實驗室), "資訊安全鑑識程序建立與有效證據萃取作業(CXXVII)　魔高一尺 PK 道「反」高一丈: 「反」反鑑識裡的證據留跡," 網管人雜誌, http://www.netadmin.com.tw/ , 城邦文化電腦雜誌系列, Aug., 2015.

[4]　王旭正 (資訊密碼暨資料建構實驗室&情資安全與鑑識科學實驗室), "資訊安全鑑識程序建立與有效證據萃取作業(LVXXXXXXIV) －相信證據就在你身邊: RFID 的化身 –「eTag」的證據追蹤," 網管人雜誌, http://www.netadmin.com.tw/ , 城邦文化電腦雜誌系列, Dec., 2014.

[5]　王旭正 (資訊密碼暨資料建構實驗室&情資安全與鑑識科學實驗室), "資訊安全鑑識程序建立與有效證據萃取作業(LVXXXXXII) －雲端鑑識之同步，「同不同」," 網管人雜誌, http://www.netadmin.com.tw/ , 城邦文化電腦雜誌系列, Dec., 2013.

[6]　王旭正 (資訊密碼暨資料建構實驗室&情資安全與鑑識科學實驗室), "資訊安全鑑識程序建立與有效證據萃取作業(LXVIII) －FBY：Forensics By Yourself," 網管人雜誌, http://www.netadmin.com.tw/, 城邦文化電腦雜誌系列, May, 2012.

[7]　王旭正, 柯建萱, and ICCL(資訊密碼暨資料建構實驗室), 資訊媒體安全－僞裝學與數位浮水印, ISBN: 978-957-527-980-6, 博碩文化出版社, July, 2007.

[8]　中見利男, 密碼的故事, ISBN: 978-986-673-967-5, 臉譜文化出版社, July, 2008.

[9]　呂慈純, 陸哲明, and 張眞誠, 多媒體安全技術, ISBN: 978-957-216-018-3, 全華圖書股份有限公司, Oct., 2007.

[10]　陳同孝, 張眞誠 and 黃國峰, 數位影像處理技術, 松崗電腦圖書資料股份有限公司, May, 2003.

[11]　連國珍, 數位影像處理, ISBN: 978-957-499-833-3, 儒林圖書股份有限公司, Jan., 2008.

[12]　潘正祥, 張眞誠, and林詠章, 挑戰影像處理:數位浮水印技術, ISBN: 978-986-157-474-5, 麥格羅希爾出版社, Dec., 2007.

[13]　婁德權, "藏密學發展現況", http://ics.stpi.org.tw/Treatise/doc/25.pdf.

[14]　劉震昌審譯, 數位影像處理, ISBN: 978-986-663-796-4, 高立圖書股份有限公司, Sept., 2010.

[15]　繆紹綱, 數位影像處理：活用Matlab, ISBN: 978-957-217-880-5, 全華圖書股份有限公司, Jan., 2011.

[16]　N. Ahmed, T. Natarajan, and K. R. Rao, "Discrete Cosine Transform," IEEE Transaction on Computer, Vol. 23, No. 1, pp. 90-93, 1974.

[17]　A.M. Alattar, "Reversible Watermark Using The Difference Expansion of a generalized integer transform," IEEE Transactions on Image Processing, Vol. 13, No. 8, pp. 1147-1156, 2004.

[18] R.J. Anderson and F.A.P. Peticolas, "On the Limits of Steganography," IEEE Journal of Selected Areas in Communication, Vol. 16, No. 4, pp. 474-481, 1998.

[19] G. Ateniese, C. Blundo, A.D. Santis, and D.R. Stinson, "Visual Cryptography for General Access Structures," Information, Computation, pp. 86-106, 1996.

[20] W. Bender, D. Gruhl and N. Morimoto, "Techniques for Data Hiding," IBM Systems Journal, Vol. 35, No. 3-4, pp. 313-336, 1996.

[21] C. Blundo, A. De Santis, and M. Naor, "Visual Cyptography for Grey Level Images," Information Processing Letters, Vol. 75, No.6, pp. 255-259, 2000.

[22] P. J. Burt, and E. H. Adelson, "The Laplacian pyramid as a compact image code," IEEE Transactions on Communication, Vol. 31, No. 4, pp. 532-540, 1983.

[23] J. Capon, "A probabilistic model for run-length coding of pictures," IRE Transactions on Information Theory, Vol. 5, pp. 157-163, 1959.

[24] C.C. Chang and J.C. Chuang, "An Image Intellectual Property Protection Scheme for Gray-Level Image Using Visual Secret Sharing Strategy," Pattern Recognition Letter, Vol. 23, pp. 931-941, 2002.

[25] C.C. Chang, C.C. Lin, C.S. Tseng, and W.L. Tai, "Reversible Hiding in DCT-based Compressed Images," Information Sciences, Vol. 177, No. 13, pp. 2768-2786, 2007.

[26] C. C. Chang and T. S. Nguyen, "A Reversible Data Hiding for SMVQ Indices," Informatica, Vol. 25, No. 4, pp. 523-540, 2014.

[27] C.C. Chang and H. W. Tseng, "A Steganographic Method for Digital Images Using Side Match," Pattern Recognition Letters, Vol. 25, No. 12, pp. 1431-1437, 2004.

[28] C.C. Chang and H.C. Wu, "A Copyright Protection Scheme of Images Based on Visual Cryptography," Imaging Science Journal, pp. 141-150, 2001.

[29] W.J. Chen and W.T. Huang, "VQ Indexes Compression and Information Hiding using Hybrid Lossless Index Coding," Digital Signal Processing, Vol. 19, No. 3, pp. 433-443, 2009.

[30] I.J. Cox, J. Kilian, F.T. Leighton, and T. Shamoon, "Secure Spread Spectrum Watermarking for Multimedia," IEEE Transactions on Image Processing, Vol. 6, pp. 1673-1687, 1997.

[31] R.W. Floyd and L. Steinberg, "An Adaptive Algorithm for Spatial Grayscale," Proc. Soc. Image Display, Vol. 17, No. 2, pp. 75-77, 1976.

[32] J. Fridrich, "Methods for Detecting Changes in Digital Images," IEEE Workshop on Intelligent Signal Processing, Communication Systems, Melbourne, Australia, pp. 173-177, 1998.

[33] J. Fridrich, M. Goljan, and R. Du, "Reliable Detection of LSB Stegnography in Grayscale and Color Images," Proceeding of ACM Workshop on Multimedia and Security, pp. 27-30, 2001.

[34] X. Gao, L. An, X. Li, and D. Tao, "Reversibility Improved Lossless Data Hiding," Digital Signal Processing, Vol. 89, No. 10, pp. 2053-2065, 2009.

[35]　S. Gilbert, "Wavelets and dilation equations: A brief introduction," SIAM Review, Vol. 31, pp. 614-627, 1989.

[36]　R. C. Gonzalez and R. E. Woods, "Digital Image Processing, 3rd ed.," Prentice Hall, Upper Saddle River, NJ, 2008.

[37]　R.M Gray, "Vector Quantization," IEEE ASSP Magazine, Vol. 1, No. 2, pp. 4-29, 1984.

[38]　A. Haar, "Zur Theorie der orthogonalen Funktionensysteme", Mathematische Annalen, Vol. 69, No. 3, pp. 331–371, 1910.

[39]　G. Horng, T.H. Chen, and D.S. Tsai, "Cheating in Visual Cryptography," Designs, Codes and Cryptography, Vol. 38, No. 2, pp. 219-236, 2006.

[40]　Y.C. Hou, "Visual Cryptography for Color Images," Pattern Recognition, Vol. 36, pp. 1619-1629, 2003.

[41]　Y.C. Hou and S.F. Tu, "A Visual Cryptographic Technique for Chromatic Images Using Multi-pixel Encoding Method," Journal of Research, Practice in Information Technology, Vol. 37, No. 2, pp. 179-191, 2005.

[42]　Y.C. Hou and S.F. Tu, "An Unexpanded Gray-level Visual Cryptography Using Multu-pixel Encoding Method," Journal of Information Management, Vol. 12, No. 2, pp. 141-161, 2005.

[43]　Y.C. Hou and S.F Tu, "Visual Cryptography Techniques for Color Images without Pixel Expansion," Journal of Information Technology, pp. 95-110, 2004.

[44]　C.T. Hsu and J.L. Wu, "Hidden Digital Watermarks in Images," IEEE Transactions Image Processing, Vol. 8, No. 1, pp. 58-68, 1999.

[45]　C.M. Hu and W.G. Tzeng, "Cheating Preventing in Visual Cryptography," IEEE Trans. on Image Processing, Vol. 16, No. 1, pp. 36-45, 2007.

[46]　D.A. Huffman, "A method for the construction of minimum-redundancy codes", Proceedings of the IRE, Vol. 40, No. 9, pp. 1098-1101, 1952

[47]　M.S. Hwang and W.C. Chen, "A Majority-voting based Watermarking Scheme for Color Image Tamper and Detection and Recovery," Computer Standards & Interfaces, Vol. 29, pp. 561-570, 2007.

[48]　N.F. Johnson and S. Jajodia, "Steganography: Seeing the Unseen," IEEE Computers, pp. 26-34, 1998.

[49]　S. Katzenbeisser, A. Fbien and P. Peticolas, Information Hiding Techniques for Steganography, Digital Watermarking, 2000.

[50]　K. S. Kim, M. J. Lee, H. Y. Lee, and H. K. Lee, "Reversible Data Hiding Exploiting Spatial Correction Between Sub-sampled Images," Pattern Recognition, Vol. 42, No. 11, pp. 3083-3096, 2009.

[51]　C.F. Lee, H.L. Chen, and S.H. Lai, "An Adaptive Data Hiding Scheme with High Embedding Capacity and Visual Image Quality Based on SMVQ Prediction Through Classification Codebooks," Image and Vision Computing, Vol. 28, No. 8, pp. 1293-1302, 2010.

[52] C.F. Lee, H.L. Chen, and H.K. Tso, "Embedding Capacity Raising in Reversible Data Hiding Based on Prediction of Difference Expansion," Journal of Systems and Software, Vol. 83, No. 10, pp. 1864-1872, 2010.

[53] C.C. Lee, W.H. Ku, and S.Y. Huang, "A New Steganographic Scheme Based on Vector Quantization and Search-order Coding," IET Image Processing, Vol. 3, No. 4, pp. 243-248 2009.

[54] C.H. Lee and Y.K. Lee, "An Adaptive Digital Image Watermarking Technique for Copyright Protection," IEEE Transactions on Consumer Electronics, Vol. 45, No. 4, pp. 1005-1015, 1999.

[55] C. C. Lee, H. C. Wu, C. S Tsai, and Y. P. Chu, "Adaptive Lossless Steganographic Scheme with Centralized Difference Expansion," Pattern Recognition, Vol. 41, No. 6, pp. 2097-2106, 2008

[56] P.L. Lin, C.K. Hsieh, and P.W. Huang, "A Hierarchical Digital Watermarking Method for Image Tamper Detection and Recovery," Pattern Recognition, Vol. 38, No. 12, pp. 2519-2529, 2005.

[57] S.D. Lin, Y.C. Kuo, and Y.H. Huang, "An Image Watermarking Scheme with Tamper Detection and Recovery," Proceedings of the First International Conference on Innovative Computing, Information, Control (ICICIC'06), pp. 74-77, 2006.

[58] C. C. Lin, W. L. Tai, and C. C. Chang, "Multilevel Reversible Data Hiding Based on Histogram Modification of Difference Images," Pattern Recognition, Vol. 41, No. 12, pp. 3582-3591, 2008.

[59] C.C. Lin and W.H. Tsai, "Secret Image Sharing with Steganography Authentication," Journal of Systems Software, Vol. 24, pp. 405-414, 2004.

[60] D.C. Lou, H.K. Tso, and J.L. Liu, "A Copyright Protection Scheme for Digital Images Using Visual Cryptography Technique," Computer Standards & Interfaces, Vol. 29, No. 1, pp. 125-131, 2007.

[61] C.S. Lu, S.K. Huang, C.J. Sze, and H.Y. M. Liao, "Cocktail Watermarking for Digital Image Protection," IEEE Transactions on Multimedia, Vol. 2, No. 4, 2000.

[62] Z. M Lu, J. X. Wang, and B. B. Liu, "An Improved Lossless Data Hiding Scheme Based on Image VQ-index Residual Value Coding, "Journal of System and Software, Vol. 82, No. 6, pp. 1016-1024, 2009.

[63] Z.M. Lu and S.H. Sun, "Digital Image Watermarking Technique Based on Vector Quantization," Electronics Letter, Vol. 36, No. 4, pp. 303-305, 2000.

[64] R. Lukac and K.N. Plataniotis, "Bit-level Based Secret Sharing for Image Encryption," Pattern Recognition, Vol. 38, pp. 767-772, 2005.

[65] H. Luo, F. X. Yu, H. Chen Z. L. Huang, H. Li, and P. H. Wang, "Reversible Data Hiding Based on Block Median Preservation," Information Sciences, Vol. 181, No. 2, pp. 308-328, 2011.

[66] M.D. McFarlane, "Digital pictures fifty years ago," Proceeding of the IEEE, Vol. 60, Vo. 7, pp.768-770, 1972.

[67] R.T. Mercuri, "The Many Colors of Multimedia Security," Communications of ACM, Vol. 47, No. 12, pp. 25-29, 2004.

[68] M. Naor and A. Shamir, "Visual Cryptography," Proceedings in Eruocrypt'94, Lecture Notes in Computer Science, Springer-Verlag, pp. 1-12, 1994.

[69] M. Naor and B. Pinkas, "Visual Authentication, Identification," CRYPTO'97, pp. 322-336, 1997.R.J. Anderson, "Stretching the Limits of Steganography," Proceedings of Information Hiding: First International Workshop, Vol. 1174 of Lecture Notes in Computer Science, pp. 39-48, 1996.

[70] R. Ni, Q. Ruan and H.D. Cheng, "Secure Semi-blind Watermarking Based on Iteration Mapping and Image Features," Pattern Recognition, Vol. 38, No. 8, pp. 357-368, 2005.

[71] Z. Ni, Y. Q. Shi, N. Ansari, and W. Su, "Reversible Data Hiding," IEEE Transactions on Circuits Systems Video Technology, Vol. 16, No. 3, pp. 354-362, 2006.

[72] Y. R. Park, H. H. Kang, S. U. shin, and K. R. Kwon, "A Steganographic Scheme in Digital Images Using Information of Neighboring Pixels," Advances in Natural Computing, Vol. 3612, pp. 962-967, 2005.

[73] F.A.P. Petitcolas, "Watermarking Schemes Evaluation," IEEE Signal Processing, Vol. 17, No. 5, pp. 58-64, 2000.

[74] F.A.P. Petitcolas, R.J. Anderson, and M.G. Kuhn, "Information Hiding - A Survey," Proceedings of the IEEE, Vol. 87, No. 7, pp. 1062-1078, 1999.

[75] Z.X. Qian, X. P. Zhang, and S. Z. Wang, "Reversible Data Hiding in Encrypted JPEG Bitstream," IEEE Transaction on Multimedia, Vol. 16, No. 5, pp. 1486-1491, 2014

[76] P.M.S. Raja and E. Baburaj, "Survey of Steganographic Techniques in Network Security," International Journal of Research and Reviews in Computer Science, Vol. 2, No. 1, pp. 96-102, 2011.

[77] K. R. Rao, D. N. Kim, and J.J. Hwang, "Fast Fourier Transform - Algorithms and Applications (1st ed.)," Springer Publishing Company, Incorporated, 2010.

[78] S. Rawat and B. Raman, "A chaotic system based fragile watermarking scheme for image tamper detection," International Journal of Electronics and Communications (AEU), Vol. 65, No. 10, pp. 840-847, 2011.

[79] S.C. Shieh, S.D. Lin, and J.H. Jiang, "Visually Imperceptible Image Hiding Scheme Based on Vector Quantization," Journal of Information Processing & Management, Vol. 46, No. 5, pp. 495-501, 2010.

[80] J.M. Shieh, D.C. Lou, and M.C. Chang, "A Semi-Blind Digital Watermarking Scheme based on Singular Value Decomposition," Computer Standards & Interfaces, Vol. 28, No. 4, pp. 428-440, 2006.

[81] C.C. Thien and J.C. Lin, "Secret Image Sharing," Computers & Graphics, Vol. 26, pp. 765-770, 2002.

[82] J. Tian, "Reversible Data Embedding Using A Difference Expansion," IEEE Transactions on Circuits Systems Video Technology, Vol. 13, No. 8, pp. 890-896, 2003.

[83] C.S. Tsai and C.C. Chang, "A New Repeating Color Watermarking Scheme Based on Human Visual Model," EURASIP Journal on Applied Signal Processing, Vol.13, pp. 1965-1972, 2004.

[84] D.S. Tsai, T.H. Chen, and G. Horng, "A New Cheating Prevention Scheme for Visual Cryptography," Information Security Conference, pp. 520-527, 2006.

[85] S. Walton, "Information Authentication for Slippery New Age," Dr. Dobbs Journal, Vol. 20, No. 4, pp. 18-26, 1995.

[86] C.C. Wang, S.C. Tai, and C.S. Yu, "Repeating Image Watermarking Technique by the Visual Cryptography," IEICE Transactions on Fundamentals, Vol. E83-A, No. 8, pp. 1589-1598, 2000.

[87] S.J. Wang, "Steganography of Capacity Required Using Modulo Operator for Embedding Secret Image," Applied Mathematics, Computation, Vol. 164, pp. 99-116, 2005.

[88] T. Welch, "A Technique for High-Performance Data Compression," Computer, Vol. 17, No. 6, pp. 8-19, 1984.

[89] Y.T. Wu and F.Y. Shih, "An Adjusted-Purpose Digital Watermarking Technique," Pattern Recognition, Vol. 37, pp. 2349-2359, 2004.

[90] D.C. Wu and W. H. Tsai, "A Steganographic Method for Images by Pixel-Value Differencing," Pattern Recognition Letters, Vol. 24, No. 9-10, pp. 1613-1626, 2003.

[91] H. Xu, J.J. Wang, and H.J. Kim, "Near-Optimal Solution to Pair-Wise LSB Matching via An Immune Programming Strategy," Information Sciences, Vol. 180, No. 88, pp. 1210-1217, 2010.

[92] C. H. Yang, "Inverted Pattern Approach to Improve Image Quality of The Information Hiding by LSB Substitution," Pattern Recognition, Vol. 9, No. 1, pp. 153-164, 2008.

[93] C.N. Yang, T.S. Chen, and M.H. Ching, "Embed Additional Private Information into Two-dimensional Bar Codes by the Visual Secret Sharing Scheme," Integrated Computer-Aided Engineering, Vol. 13, No. 2, pp. 189-199, 2006.

[94] C.N. Yang, T.S. Chen, K.H. Yu, and C.C. Wang, "Cheating-Immune Secret Image Sharing Scheme with Steganography," Information Security Conference, pp. 250-257, 2006.

[95] C.N. Yang and S.M. Huang, "Constructions and Properties of k out of n Scalable Secret Images Sharing," Optics Communications, Vol. 283, pp. 1750-1762, 2010.

[96] C. H. Yang and M. H. Tsai, "Improving Histogram-Based Reversible Data Hiding by Interleaving Predictions," IET Image Processing, Vol. 4, No. 4, pp. 223-234, 2010.

[97] C.H. Yang and S.J. Wang, "Weighted Bipartite Graph for Locating Optimal LSB Substitution for Secret Embedding," Journal of Discrete Mathematical Science & Cryptography, Vol. 9, No. 1, pp. 153-164, 2006.

[98]　C.H. Yang, W.J. Wang, C. T. Huang, and S.J. Wang, "Reversible Steganography Based on Side Match and Hit Pattern for VQ-Compressed Images," Information Sciences, Vol. 181, No. 11, pp. 2218-2230, 2011.

[99]　C.H. Yang, C.Y. Weng, H.K. Tso, and S.J. Wang, "A Data Hiding Scheme Using the Varieties of Pixel-Value Differencing in Multimedia Images," Journal of Systems and Software, Vol. 84, No. 3, pp. 669-678, 2011.

[100]　C.H. Yang, C.Y. Weng, S.J. Wang, and H.M. Sun, "Adaptive Data Hiding in Edge Areas of Images with Spatial LSB Domain Systems," IEEE Transaction on Information Forensics and Security, Vol. 3, No. 3, pp. 488-497, 2009.

[101]　C.H. Yang, C.Y. Weng, S.J. Wang, and H.M. Sun, "Grouping Strategies for Promoting Image Quality of Watermarking on the Basis of Vector Quantization," Journal of Visual Communication and Image Representation, Vol. 12, No. 1, pp. 49-55, 2010.

[102]　E. Yen and K.S. Tsai, "HDWT-based Grayscale Watermark for Copyright Protection," Expert Systems with Applications, Vol. 35, No. 1-2, pp. 301-306, 2008.

[103]　J. Ziv and A. Lempel, "A Universal Algorithm for Sequential Data Compression," IEEE Transactions on Information Theory, Vol. 23, No. 3, pp. 337-343, 1977.

[104]　"QR Code — About 2D Code". Denso-Wave. Archived from http://www.qrcode.com/en/ on 2015-12-17.

[105]　NIST(National Institute of Standards and Technology), "Disk Imaging Tool Specification," Version 3.1.5, 28 September 2001. URL:http://www.cftt.nist.gov/testdocs.html.

[106]　BmpPacker, http://www.goedeke.net/bmppacker.html

[107]　EzSteg, http://www.stego.com/

[108]　Facebook, http://www.facebook.com

[109]　Hide 4 PGP, http://www.rugeley.dcmon.co.uk/security/hide4pgp.zip

[110]　Hide, Seek, http://www.rugeley.demon.co.uk/security/hdsk50.zip

[111]　Instagram, http://www.instagram.com

[112]　Jsteg-JPEG, ftp://ftp.funet.fi/pub/crypt/steganography

[113]　Mandelsteg, http://www.mirrors.wiretapped.net/security/steganography/mandsteg/

[114]　PicMARKR Software, http://picmarkr.com

[115]　Picasa Software, https://support.google.com/picasa/answer/106193?hl=zh-Hant

[116]　Snow, http://www.cs.mu.oz.au/~mkwan/snow/

[117]　StegoDos, ftp://ftp.funet.fi/pub/crypt/steganography

[118]　StegSpy, http://www.spy-hunter.com/index.html

[119]　S-Tool, ftp://ftp.funet.fi/pub/crypt/mirrors/idea.sec.dsi.unimi.it/code/s-tools4.zip

[120]　Twitter, http://www.twitter.com

[121] Watermark images online, http://watermark-images.com/

[122] White, Noise Storm,

http://ftp.univie.ac.at/security/crypt/steganography/wns210.zip

[123] WinRAR, http://www.rarlab.com/rar/wrar420a.exe

[124] Mytoolsoft Watermark Software,

http://www.mytoolsoft.com/download/watermark.exe

[125] XnConvert, http://www.xnview.com/en/xnconvert.php#downloads

[126] http://en.wikipedia.org/wiki/Kerckhoffs_principle

[127] http://en.wikipedia.org/wiki/Matlab

[128] http://en.wikipedia.org/wiki/Osama_bin_Laden

[129] http://en.wikipedia.org/wiki/QR_code

[130] http://en.wikipedia.org/wiki/Steganography

[131] http://www.esotericarchives.com/tritheim/stegaNo.htm

[132] http://www.guillermito2.net/stegano/tools/index.html

[133] http://www.jjtc.com/Steganography/toolmatrix.htm

[134] http://zh.wikipedia.org/w/index.php?title=DFT&variant=zh-tw

[135] http://zh.wikipedia.org/w/index.php?title=JPEG&variant=zh-tw

讀者回函

讀者回函

感謝您購買本公司出版的書，您的意見對我們非常重要！由於您寶貴的建議，我們才得以不斷地推陳出新，繼續出版更實用、精緻的圖書。因此，請填妥下列資料(也可直接貼上名片)，寄回本公司(免貼郵票)，您將不定期收到最新的圖書資料！

購買書號： 書名：

姓 名：＿＿＿＿＿＿＿＿＿＿＿＿＿＿＿＿＿＿

職 業：□上班族 □教師 □學生 □工程師 □其它

學 歷：□研究所 □大學 □專科 □高中職 □其它

年 齡：□10~20 □20~30 □30~40 □40~50 □50~

單 位：＿＿＿＿＿＿＿＿＿＿＿ 部門科系：＿＿＿＿＿＿＿＿＿

職 稱：＿＿＿＿＿＿＿＿＿＿＿ 聯絡電話：＿＿＿＿＿＿＿＿＿

電子郵件：＿＿＿＿＿＿＿＿＿＿＿＿＿＿＿＿＿＿＿＿＿

通訊住址：□□□ ＿＿＿＿＿＿＿＿＿＿＿＿＿＿＿＿

＿＿＿＿＿＿＿＿＿＿＿＿＿＿＿＿＿＿＿＿＿＿＿＿＿＿

您從何處購買此書：

□書局＿＿＿＿ □電腦店＿＿＿＿ □展覽＿＿＿＿ □其他＿＿＿＿

您覺得本書的品質：

內容方面： □很好 □好 □尚可 □差

排版方面： □很好 □好 □尚可 □差

印刷方面： □很好 □好 □尚可 □差

紙張方面： □很好 □好 □尚可 □差

您最喜歡本書的地方：＿＿＿＿＿＿＿＿＿＿＿＿＿＿＿＿＿

您最不喜歡本書的地方：＿＿＿＿＿＿＿＿＿＿＿＿＿＿＿＿

假如請您對本書評分，您會給(0~100分)：＿＿＿＿＿分

您最希望我們出版那些電腦書籍：

請將您對本書的意見告訴我們：

您有寫作的點子嗎？□無 □有 專長領域：＿＿＿＿＿＿＿＿

歡迎您加入博碩文化的行列哦！

✂ 請沿虛線剪下寄回本公司

博碩文化網站　　http://www.drmaster.com.tw

221

博碩文化股份有限公司　產品部

新北市汐止區新台五路一段112號10樓A棟

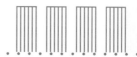

如何購買博碩書籍

全 省書局

請至全省各大書局、連鎖書店、電腦書專賣店直接選購。

（書店地圖可至博碩文化網站查詢，若遇書店架上缺書，可向書店申請代訂）

信 用卡及劃撥訂單（優惠折扣85折，未滿1,000元請加運費80元）

請於劃撥單備註欄註明欲購之書名、數量、金額、運費，劃撥至

帳號：17484299　戶名：博碩文化股份有限公司，並將收據及

訂購人連絡方式傳真至(02) 26962867。

線 上訂購

請連線至「博碩文化網站 http://www.drmaster.com.tw」，於網站上查詢

優惠折扣訊息並訂購即可。

信用卡 CREDIT CARD

專用訂購單

※優惠折扣請上博碩網站查詢，或電洽 （02）2696-2869#307
※請填妥此訂單傳真至（02）2696-2867 或直接利用背面回郵直接投遞。謝謝！

一、訂購資料

	書號	書名	數量	單價	小計
1					
2					
3					
4					
5					
6					
7					
8					
9					
10					
			總計 NT$		

總　計：NT$ ＿＿＿＿＿＿＿＿ X 0.85 ＝折扣金額 NT$ ＿＿＿＿＿＿＿＿

折扣後金額：NT$ ＿＿＿＿＿＿ ＋ 掛號費：NT$ ＿＿＿＿＿＿＿＿

＝總支付金額 NT$ ＿＿＿＿＿＿＿＿　※各項金額若有小數，請四捨五入計算。

「掛號費 80 元，外島縣市100 元」

二、基本資料

收 件 人：＿＿＿＿＿＿＿＿＿＿ 生日：＿＿ 年 ＿＿ 月＿＿日

電　話：（住家）＿＿＿＿＿＿ （公司）＿＿＿＿＿＿ 分機＿＿

收件地址：□ □ □ ＿＿＿＿＿＿＿＿＿＿＿＿＿＿＿＿

發票資料：□ 個人（二聯式）　□ 公司抬頭/統一編號：＿＿＿＿＿＿＿

信用卡別：□ MASTER CARD　□ VISA CARD　□ JCB 卡　□ 聯合信用卡

信用卡號：□□□□□□□□□□□□□□□□

身份證號：□□□□□□□□□□

有效期間：＿＿＿＿ 年＿＿＿＿月止（總支付金額）

訂購金額：＿＿＿＿＿＿＿＿元整

訂購日期：＿＿ 年 ＿＿ 月＿＿日

持卡人簽名：＿＿＿＿＿＿＿＿＿＿＿＿（與信用卡簽名同字樣）

黏 貼 處

博碩文化網址
http://www.drmaster.com.tw

廣　告　回　函
台灣北區郵政管理局登記證
北台字第 4 6 4 7 號
印刷品・免貼郵票

221

博碩文化股份有限公司　業務部
新北市汐止區新台五路一段 112 號 10 樓 A 棟

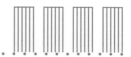

如何購買博碩書籍

全 省書局
請至全省各大書局、連鎖書店、電腦書專賣店直接選購。

（書店地圖可至博碩文化網站查詢，若遇書店架上缺書，可向書店申請代訂）

信 用卡及劃撥訂單（優惠折扣 85 折，未滿 1,000 元請加運費 80 元）
請於劃撥單備註欄註明欲購之書名、數量、金額、運費，劃撥至

帳號：17484299　戶名：博碩文化股份有限公司，並將收據及

訂購人連絡方式傳真至 (02) 26962867。

線 上訂購
請連線至「博碩文化網站 http://www.drmaster.com.tw」，於網站上查詢

優惠折扣訊息並訂購即可。